Naturphänomene

Ausgabe für Baden-Württemberg

Bearbeitet von
Bärbel Schmidt

Ernst Klett Verlag
Stuttgart Düsseldorf Leipzig

1. Auflage

1 6 5 4 3 2 | 2007 2006 2005 2004

Alle Drucke dieser Auflage können im Unterricht nebeneinander benutzt werden, sie sind untereinander unverändert. Die letzte Zahl bezeichnet das Jahr dieses Druckes.

Internetadresse: http://www.klett.de

Reproduktion: Steffen Hahn GmbH, Kornwestheim
Druck: SCHNITZER DRUCK GmbH, Korb

ISBN 3-12-045611-X

Redaktion: Bettina Sommer, Ute Kühner,
Assistenz: Elfriede König, Simone Reichert
Layout: Alfred Marzell, Schwäbisch Gmünd
Zeichnungen und Illustrationen: Alfred Marzell, Schwäbisch Gmünd; Mathias Hütter, Schwäbisch Gmünd; Monika Richter, Schwäbisch Gmünd

Autorin:
Bärbel Schmidt

unter Mitarbeit von:
Brigitte Bömer, Hartmut Fahrenhorst, Hans Flinkerbusch, Hans Knopff, Ilse Nötzold, Uwe Rist, Wilhelm Roer, Marlene Rüland, Elisabeth Schreiber, Willi Schuh und Georg Trendl

Einbandgestaltung:
normal Industriedesign, Schwäbisch Gmünd;
unter Verwendung folgender Fotos:
Mädchen: Mauritius, Mittenwald (Stock Image);
Alteisen: Helga Lade, Frankfurt/M. (H. R. Bramaz);
Jahresringe: Okapia, Frankfurt/M. (Dietrich Rose);
Welle: Mauritius, Mittenwald (Superstock);
Vulkanausbruch: Mauritius, Mittenwald (AGE);
Rotkehlchen: Save-Bild, München (K. Wothe);
Wärmeaufnahme Haus: Flir AG, CH-Kriens

- Mit der Themenseite steigst du in das Thema ein.
- Auf den Aktionsseiten findest du viele Anregungen und Anleitungen zum Experimentieren.
- Auf den Infothekseiten findest du Informationen, die du zum Forschen und Entdecken brauchst.

Sicherheitshinweise

- Vor der Durchführung eines Versuchs müssen die Gefahrenquellen besprochen werden. Die geltenden Richtlinien zur Vermeidung von Unfällen beim Experimentieren sind zu beachten.
- Führe Geschmacks- und Geruchsproben im Unterricht nur auf ausdrückliche Anweisung des Lehrers oder der Lehrerin durch!
- Verwende nie Stoffe, deren Verpackungen ein ▶ Gefahrensymbol tragen!
- Entzünde offene Flammen nur im Beisein von Erwachsenen!
- Trage beim Experimentieren grundsätzlich eine Schutzbrille! 
- Direkt bei den Experimenten findest du folgende Symbole:

 Vorsicht vor Verbrühungen!

 Vorsicht vor Verbrennungen!

 Vorsicht vor Stich- und Schnittverletzungen!

Versuch's mal

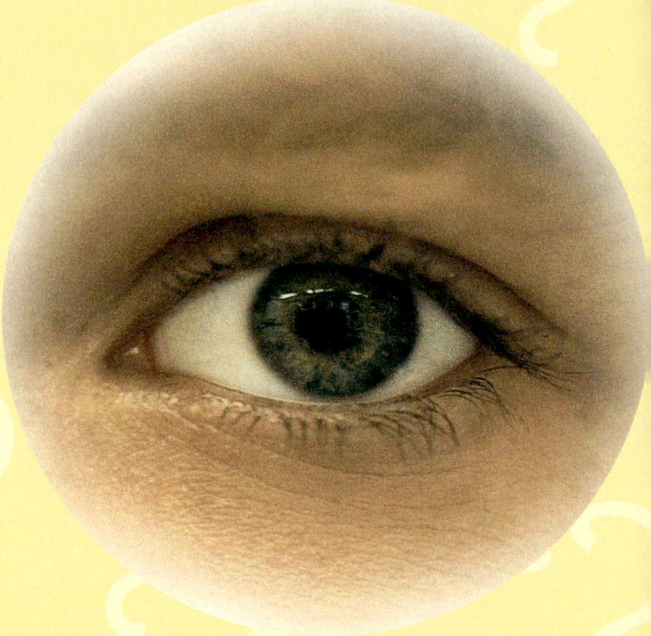

Umkehrbilder

Hörquiz

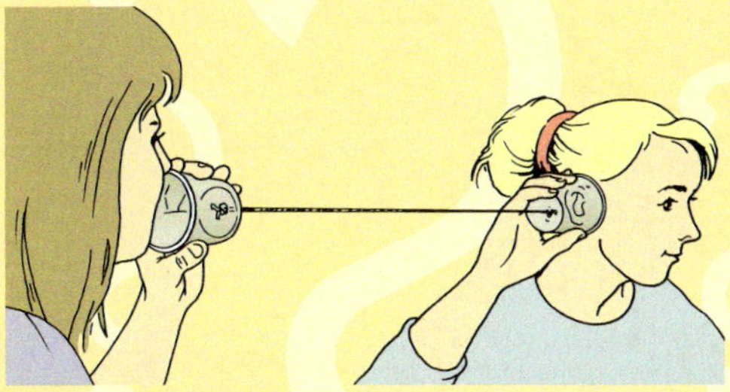

Riech' mal!
Hör' mal!
Greif' mal rein!

Eine Welt voller Licht

1 Wir bauen eine Lochkamera

Die Lochkamera oder „Camera obscura" ist schon seit einigen hundert Jahren bekannt. Künstler nutzten die Lochkamera, um Umrisse einer Landschaft auf der Leinwand vorzuzeichnen.

Materialien (du brauchst): einen mittelgroßen Schuhkarton, Pergament- oder Transparentpapier, Schere, Klebstoff, Klebeband, dicke Nadel, Kerze und Streichhölzer.

Bauanleitung:
Stich mit der Nadel ein Loch (1–2 mm groß) in die Mitte des Kartonbodens. Schneide aus dem Deckel ein postkartengroßes Rechteck heraus und klebe an seine Stelle Transparentpapier.

3 Im Dunkeln sehen, aber wie?

Jetzt kannst du erforschen, warum die Kerze nicht ganz zu sehen ist.

Materialien: Pappe, weißes Papier, grauer Filz, Schmirgelpapier, zerknüllte Alufolie, Spiegel, Taschenlampe, Buch.
Durchführung: Klebe die Materialien wie in der Abbildung auf Pappe.

Gelingt es dir mit dem ► Licht einer Taschenlampe ein Buch anzuleuchten, ohne direkt auf das Buch zu zielen?

2 Bilder in der dunklen Kammer

Materialien: Lochkamera, Kerze, Taschenlampe
Durchführung: Blicke, wie der Junge auf der Abbildung, durch das Transparentpapier auf eine brennende Kerze.
Bitte dann deinen Mitschüler sein Gesicht mit der Taschenlampe zu beleuchten. Betrachte sein Gesicht durch deine Lochkamera.
Beobachtung: Beschreibe das Bild der Kerze und deines Mitschülers genau (was siehst du von ihr? Wo ist die Abbildung zu sehen? Vergleiche das Original mit dem Bild!).
Kannst du nun erklären, warum die Lochkamera auch „Camera obscura" heißt?

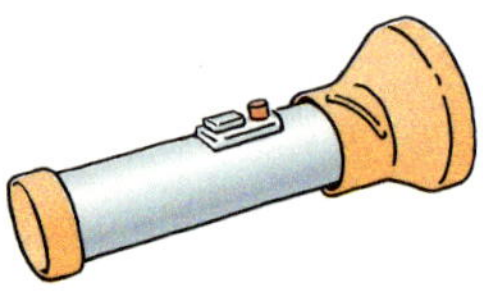

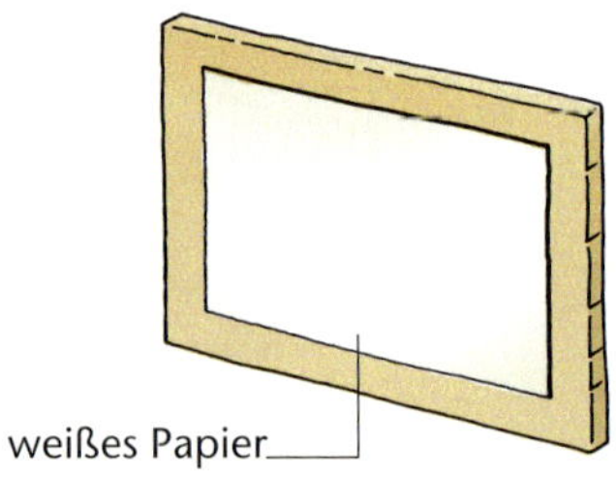

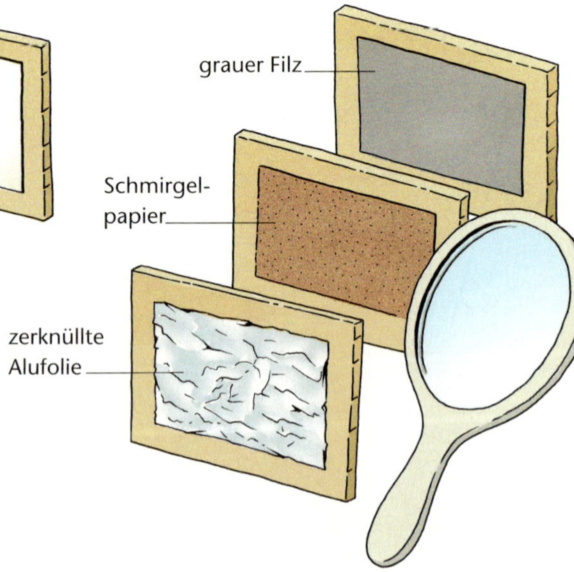

► Licht 98

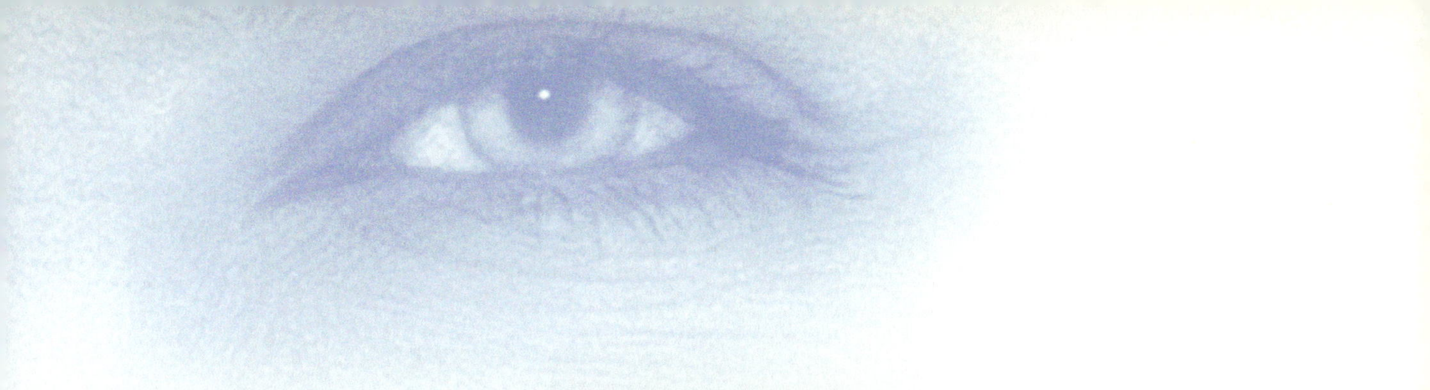

4 ***Linse statt Loch***

Materialien: Taschenlampe, weißes Papier, Sammellinse.
Durchführung: Für dieses Experiment wird ein Team aus zwei Schülern gebildet. Ein Teammitglied hält eine Sammellinse und versucht damit das Gesicht des Mitschülers auf dem weißen Papier abzubilden.
Beobachtung: Beschreibt das Bild des Gesichts.

Abänderung: Versucht das Gesicht stärker zu verkleinern. Was müsst ihr am Versuchsaufbau ändern?

5 ***Verkleinerung und Vergrößerung***

a) Materialien: Buch, Pipette, Wasser, Objektträger.
Eine einfache Sammellinse (Konvexlinse) kannst du dir selbst herstellen:

b) Materialien: Taschenlampe, Dia, Leinwand oder weiße Wand, weiteres Hilfsmittel.
Stellt die Szene auf dem Bild nach. Versucht ein vergrößertes Bild eures Strichmännchens auf Papier oder einer Leinwand zu erzeugen. Welches Hilfsmittel fehlt euch noch, damit das funktioniert?

c) Materialien: Alter Diaprojektor, Schraubendreher.
Durchführung: Baut einen alten Diaprojektor auseinander.
Beobachtung: Seht euch die Bauteile des Diaprojektors genau an. In welcher Reihenfolge sind Lichtquelle, Linsen und Dia hintereinander angeordnet?

1 ▶ Düfte auf dem Schulhof
Sammelt verschiedene Materialien auf dem Schulhof. Wer kann sie mit verbundenen Augen erriechen?

2 Eine Riechorgel selbst gebaut
Du kannst Düfte sammeln wie andere Leute Briefmarken. Alles was du brauchst, sind kleine, luftdicht verschließbare Behälter z. B. schwarze Filmdöschen (evtl. im Fotogeschäft nachfragen). Nun könnt ihr die Döschen mit Substanzen aus der Natur oder verschiedenen Flüssigkeiten füllen: Gewürzkräuter, Essig, Erde… Den Inhalt schreibt auf ein kleines Schild und klebt es auf den Boden des Behälters. Je größer die Sammlung wird, desto mehr Spaß macht es, die einzelnen Düfte voneinander zu unterscheiden.

▶ Düfte 89

3 *Guter und schlechter Geruch*

a) Übernimm die nebenstehende Tabelle in dein Heft und notiere Beispiele nach deinem Empfinden.

b) Wie kannst du dich vor unangenehmen Gerüchen schützen? Kennst du technische Verfahren, die verhindern, dass unangenehme Gerüche oder schädliche Gase in die Umwelt gelangen?

4 *Wie Chemiker Gerüche prüfen*

Den Chemikern ist es auf keinen Fall erlaubt, den Geruch direkt mit der Nase aufzunehmen. Die Geruchsprobe wird durch Zufächeln mit der Hand ausgeführt. Kannst du dir vorstellen warum?
Finde die Antwort, indem du zunächst nach Art der Chemiker und dann auf „herkömmliche" Weise an Parfum riechst.

5 *Essig und Essigessenz*

Prüfe nach „Chemikerart" den Geruch von Essig und Essigessenz.

a) Beschreibe den Geruch.

b) Welchen Unterschied kannst du feststellen?

6 *Parfum macht sich auf den Weg*

Zu Beginn des Unterrichts tropft der Lehrer etwas Parfum auf den Tisch. Die Schüler sollen den Arm heben, wenn sie den Geruch wahrnehmen.

Nach einigen Sekunden meldet sich Sven aus der ersten Reihe. Etwas später hebt Claudia aus der dritten Reihe den Arm. Fast eine Minute später melden sich auch die Schüler aus der letzten Reihe. Wie funktioniert das? Stelle deine Vorstellung bildlich dar.

Geräusche und Töne

1 Ein Geräuscheparcours

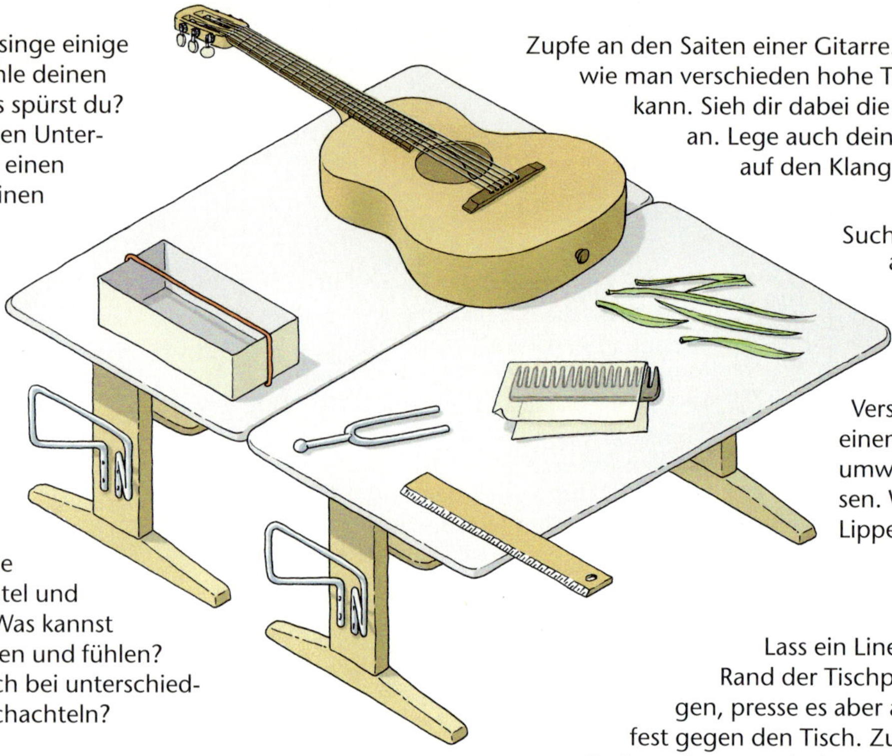

Summe oder singe einige ▶ Töne. Befühle deinen Kehlkopf. Was spürst du? Merkst du einen Unterschied, ob du einen hohen oder einen tiefen Ton singst?

Zupfe an den Saiten einer Gitarre. Untersuche, wie man verschieden hohe Töne spielen kann. Sieh dir dabei die Saite genau an. Lege auch deine Hand leicht auf den Klangkörper.

Suche draußen Gräser, auf denen du Töne erzeugen kannst.

Versuche ein Lied auf einem mit Butterbrotpapier umwickelten Kamm zu blasen. Was spürst du an den Lippen?

Spanne ein Gummiband über eine offene Schachtel und zupfe daran. Was kannst du hören, sehen und fühlen? Was ändert sich bei unterschiedlich großen Schachteln?

Lass ein Lineal über den Rand der Tischplatte hinausragen, presse es aber an der Kante fest gegen den Tisch. Zupfe am freien Ende und erzeuge hohe und tiefe Töne. Beobachte die Bewegung des Lineals bei verschiedenen Tonhöhen.

Schlage eine Stimmgabel an. Vergleiche die entstehenden Töne. Berühre mit den Spitzen der Stimmgabel leicht deine Wange. Tauche die Spitzen der Stimmgabel in ein Glas Wasser und beobachte.

2 Wir basteln Instrumente und gründen eine Band

Flaschenorgel
Material:
Mindestens 8 leere Flaschen oder Gläser der gleichen Sorte, Sand oder Wasser.

▶ Töne 117

Panflöte

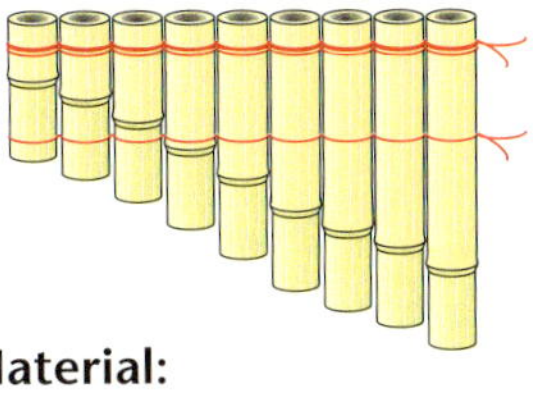

Material:
Acht unterschiedlich lange Stücke Plastikschlauch, Schilfrohr oder Ähnliches, ein dünnes Band oder Klebefilm.

Gartenschlauchtrompete

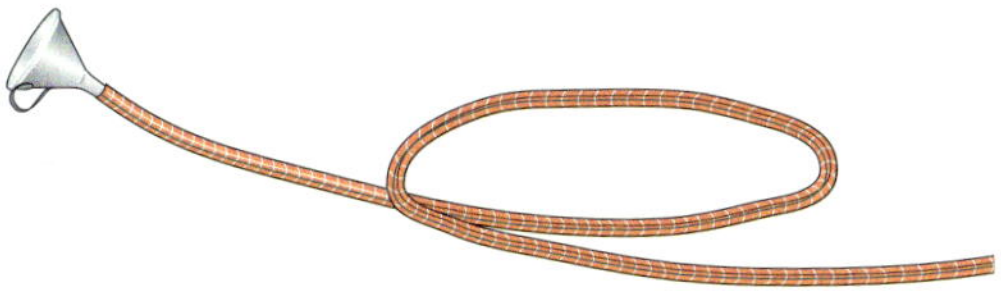

Material:
Etwa 1 m von einem alten Gartenschlauch, ein Trichter.

Bass

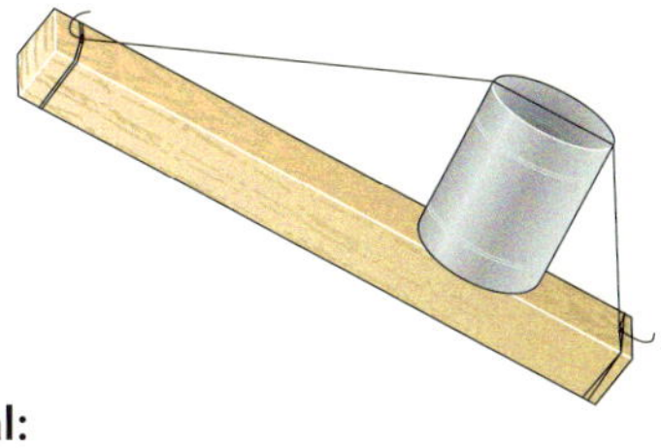

Material:
Ein etwa 1 m langes Vierkantholz oder einen Besenstiel, dünner Draht oder eine Nylonschnur, eine größere Konservendose oder ein Eimer aus Metall oder Plastik.

Zupfkiste

Material:
Eine hölzerne Kiste (z. B. eine Zigarrenkiste) oder ein stabiler Pappkarton, unterschiedlich dicke Drähte, Gummibänder, Nylonschnur, Schere.

Bongos

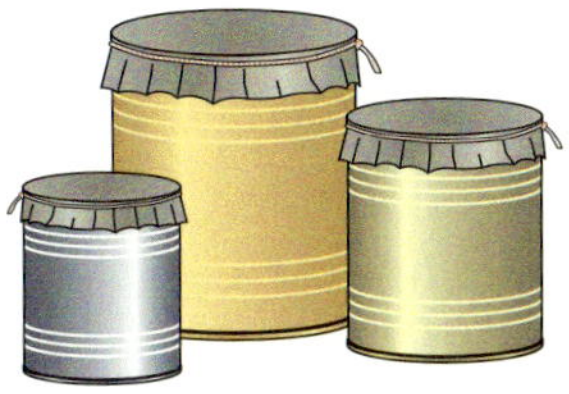

Material:
Drei oder mehr unterschiedlich lange, stabile Pappröhren (oder auch alte runde Kaffee- oder Plätzchendosen), mehrere Bögen „Elefantenhaut" (das ist eine besondere Papiersorte, die man im Bastel- oder Schreibwarengeschäft bekommt), Schnur, Kordel oder ein stabiler Bindfaden.

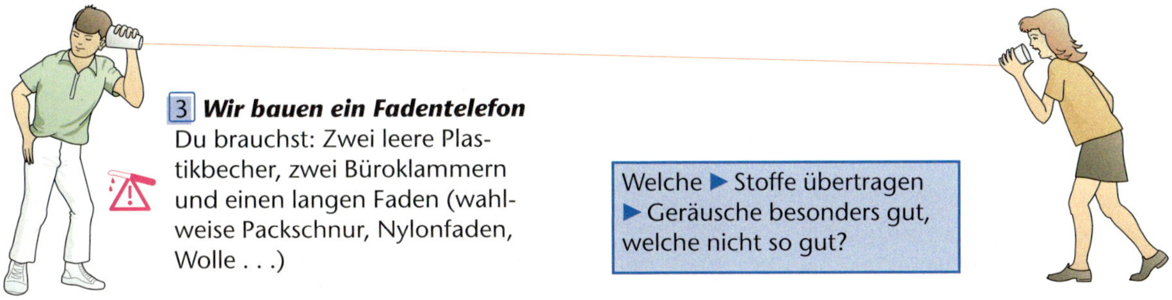

3 ***Wir bauen ein Fadentelefon***

Du brauchst: Zwei leere Plastikbecher, zwei Büroklammern und einen langen Faden (wahlweise Packschnur, Nylonfaden, Wolle . . .)

Welche ▶ Stoffe übertragen ▶ Geräusche besonders gut, welche nicht so gut?

4 ***Unter Wasser ist was los***

a) Taucht unter Wasser und bewegt euch möglichst nicht. Jemand soll euch von außen etwas zurufen. Könnt ihr verstehen, was gesagt wurde?

b) Klopft mit dem Finger gegen die Innenwand der Badewanne. Könnt ihr das Klopfen hören? Ist es lauter oder leiser als in der Luft?

c) Die Badewanne des Babys im Mutterleib ist die Fruchtblase. Können Babys im Mutterleib schon Musik hören?

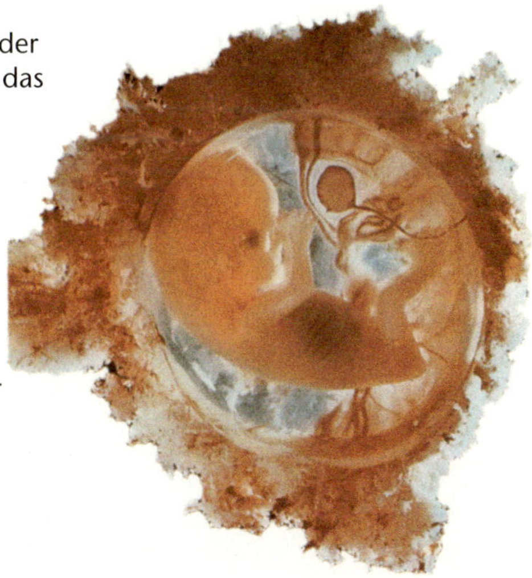

▶ Stoffe 115

„Mein Gott, Sven, du legst aber auch ein Tempo vor." Keuchend hatte Katja auf ihrem Fahrrad endlich ihren Klassenkameraden eingeholt. „Nichts drauf, Mädel, was? Trainieren, trainieren." „Angeber! Denk mal dran, wer eben die beiden entscheidenden Tore gemacht hat."
Die beiden Nachbarkinder kamen von einem Klassenspiel gegen die 5 a, das sie 5 : 4 gewonnen hatten. Und Katja war nicht wenig stolz auf ihre beiden Treffer. Sie wollten gerade um die letzte Ecke biegen, als plötzlich ein junger Mann aus der stillen Seitenstraße gerannt kam. Sven wäre beinahe gestürzt und stieß mit dem Schienbein gegen die Pedale. „Blödmann, pass doch auf!", rief er noch, dann war der Unbekannte auch schon verschwunden. Schimpfend fuhren die Freunde die letzten Meter und sahen sich dann das verletzte Bein an.
„Kinder, ist hier ein junger Bursche vorbeigelaufen?" Katja und Sven blickten auf. Vor ihnen stand Oma Huber, die gute Seele der Straße. Jetzt sah sie ziemlich verstört aus. „Bei mir ist eingebrochen worden. Ich war doch nur kurz einkaufen. Und als ich zurückkam, stand der Kerl plötzlich vor mir." „Hat er Ihnen was getan?", fragte Katja besorgt. „Er hat mir einen gehörigen Schrecken eingejagt. Und dann ist er weggerannt. Mein ganzes Geld ist weg." „Mensch, der Typ an der Ecke", rief Sven und schwang sich auf sein Fahrrad. „Oma Huber, rufen Sie die Polizei an. Wir sehen nach, ob wir ihn noch finden."
Im Nu waren die Kinder um die Ecke verschwunden. Sie suchten die Straßen in der Richtung ab, aus der sie gekommen waren, vergeblich. Nach einer halben Stunde wollten sie schon umkehren. Sven warf einen letzten prüfenden Blick über die Schulter. „Mensch Katja", flüsterte er plötzlich, „sieh mal. Dunkle Jacke, Jeans, das könnte er sein." Die Kinder beobachteten einen jungen Mann, der in einem Mietshaus verschwand.

Einbruch bei

Oma Huber

„Hey, sofort zurück zu Oma Huber. Die Polizei ist bestimmt schon da.“
Ein uniformierter Beamter stand im Vorgarten. „Halt, ihr könnt noch nicht rein, Spurensicherung.“ Aufgeregt berichteten die Kinder von ihren Beobachtungen.
„Seid ihr ganz sicher, dass das der Einbrecher war?“, fragte der Polizist. „Sicher natürlich nicht“, antwortete Sven zögernd. „Wir kennen sein Gesicht nicht.“
„Hm, Nummer 68, junger Mann, blonde Haare? Komm Karl, wir sehen mal nach“, rief der Polizist einem Kollegen zu.
Sven und Katja durften sich nun umsehen. Das Wohnzimmerfenster auf der Rückseite des Hauses war eingeschlagen und stand offen. Im Zimmer sah es wüst aus. Die beiden Freunde konnten einige Schilder erkennen, die wohl Spuren markieren sollten. Ein Kripobeamter begann gerade, Fußabdrücke im Beet vor dem Fenster mit Gips auszugießen.
„Na, ihr Detektive!“ Ein Mann mit einer freundlichen, tiefen Stimme kam auf die Kinder zu. „Ich bin Oberkommissar Glaser von der Kripo. Schöne Bescherung, was? Jetzt erzählt mir mal, was ihr gesehen habt.“
Interessiert hörte Oberkommissar Glaser den beiden zu. Schließlich sah er auf seine Uhr. „Ich glaube, es wird spät. Kommt morgen nach der Schule wegen eurer Zeugenaussage zum Präsidium. Auch Kleinigkeiten können wichtig sein.“
Am nächsten Tag holte Oberkommissar Glaser Sven und Katja am Eingang zum Polizeipräsidium ab. Vergnügt erklärte er: „Ja, ihr beiden, es könnte sein, dass ihr uns bei einer größeren Sache geholfen habt. Wir haben im Haus drei Männer angetroffen, zwei davon übrigens wegen Einbruchs vorbestraft. Natürlich leugnen alle drei die Tat. Wir müssen schon gute Beweise vorlegen, wenn wir den Richter überzeugen wollen. Leider hat ja keiner den Einbrecher eindeutig erkannt. Unser Labor wertet gerade die Spuren aus. Mal sehen, wie weit sie sind. Kommt mal mit.“

Unser Kriminallabor

1 Erzeuge in lockerer Erde oder in Sand einen deutlich sichtbaren Schuhabdruck. Stelle einen Gipsabguss davon her.

Untersuche verschiedene Gipsabgüsse nach wichtigen Informationen. Benutze dazu eine ▶ Lupe.
Was verrät der Abguss über den Träger des Schuhs?

Lege einen Rahmen um die Fußspur.

Gieße Gipsbrei sorgfältig in die Spur.

Lege Drahtgewebe oder Stoff als Verstärkung in den Gips.

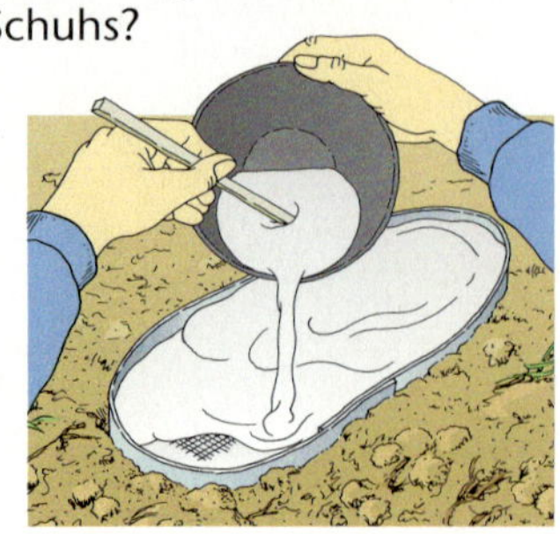
Gieße den restlichen Gips hinein und warte, bis er hart ist.

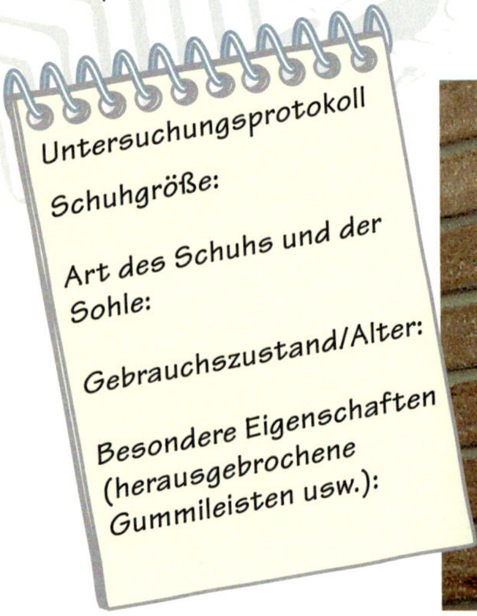

2 Mache Fingerabdrücke (▶ Kriminallabor) auf Glas sichtbar:
Streiche mit einem weichen Pinsel vorsichtig etwas Graphitpulver auf das Glas. Presse anschließend ein Stück durchsichtige Klebefolie darauf. Ziehe die Folie ab und klebe sie auf ein weißes Blatt Papier.
Achtung! Versuch nicht direkt auf der Fensterscheibe, sondern auf einer Glasscheibe im Schulhof durchführen, Kleidung nicht verschmutzen.

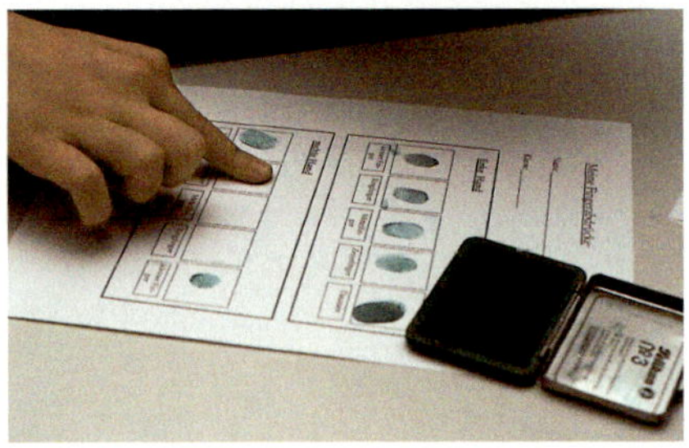

3 Drucke deine eigenen Fingerabdrücke ab. Betrachte die Abdrücke unter einer Lupe mit etwa vierfacher Vergrößerung.

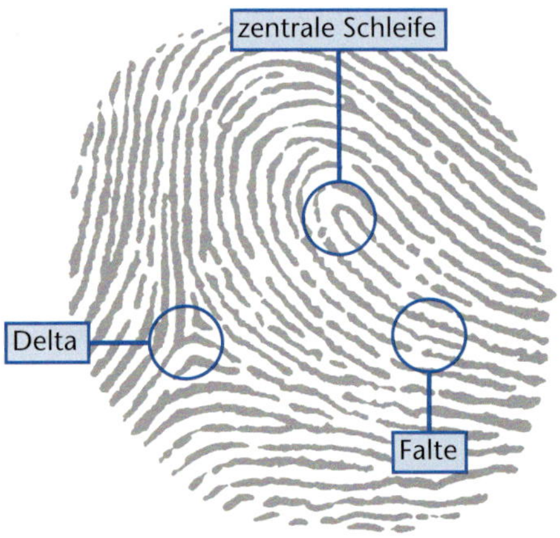

4 Vergleiche Fingerabdrücke:
Beginne mit dem Grundmuster (▶ Kriminallabor) in der Mitte. Suche dann Besonderheiten wie Schnitte, Falten oder Deltas. Zähle die Anzahl der Linien zwischen diesen besonderen Merkmalen. Ein Zirkel und ein spitzer Bleistift helfen dabei. Mache dir laufend Notizen.
Dieser Abdruck beispielsweise hat das Grundmuster „Schleife rechts“. Links unten im Abstand von 10 Linien befindet sich ein Delta. Rechts unterhalb des Schleifenkopfs ist eine Falte.

▶ Lupe 101

▶ Kriminallabor 95

5 Vergleiche unter dem ► Mikroskop und dem ► Binokular Haare verschiedener Menschen. Überlege, wie du die Dicke eines Haares bestimmen kannst.
Vergleiche Haare von Tieren mit Menschenhaaren. Du solltest dir auch einmal eine Vogelfeder unter dem Binokular ansehen.

Schneide ein Stück Haar ab und lege es in einen Wassertropfen auf dem Objektträger. Decke mit einem Deckgläschen ab.

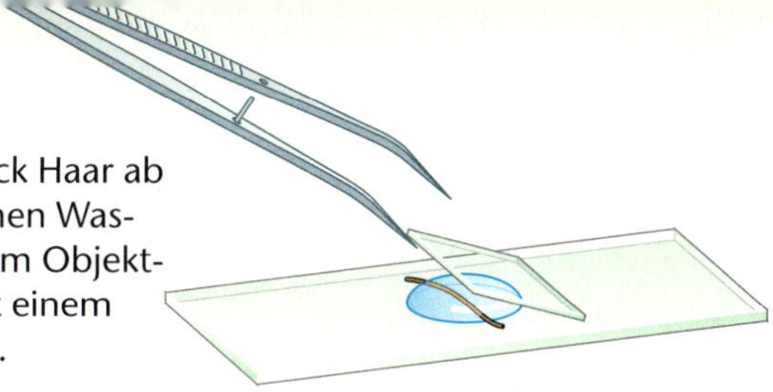

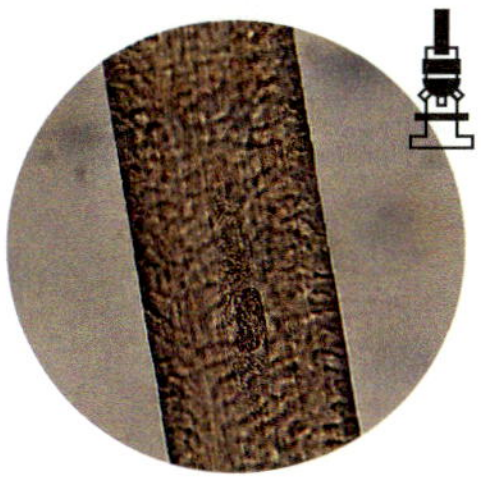

Menschenhaar

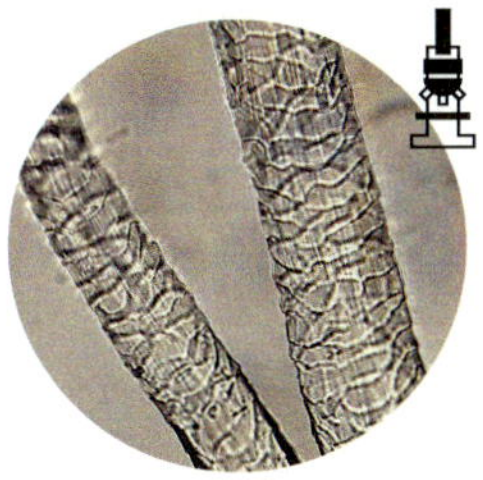

Wollfasern

6 Zupfe Fasern aus Kleidungsstücken. Untersuche sie mit dem Binokular und dem Mikroskop. Wie unterscheiden sich Naturfasern von Kunstfasern?

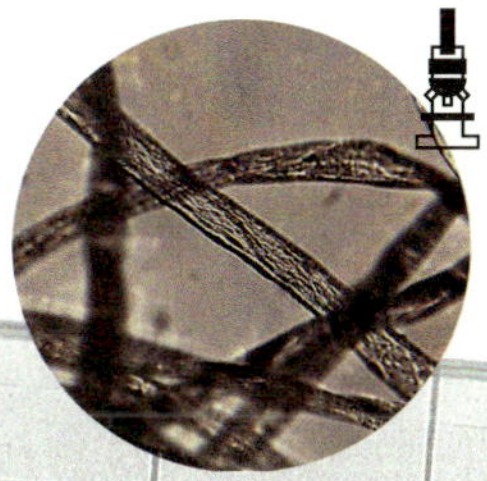

Baumwolle

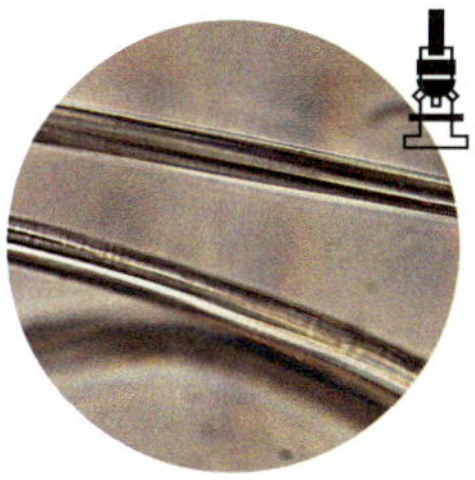

Kunstfasern

Spurenakte

7 Das ist Oberkommissar Glasers Spurentabelle. Wer hat bei Oma Huber eingebrochen?

Elsa Huber

	Schuhabdruck	rechter Daumen	Textilfasern	Haare
Karlo Klaumann			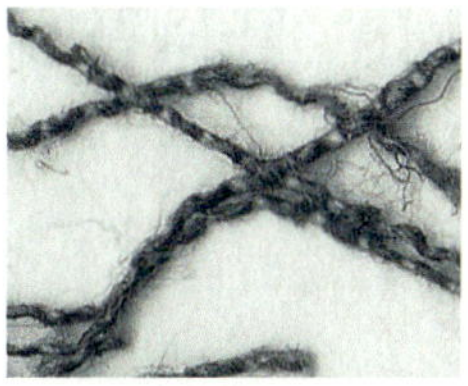	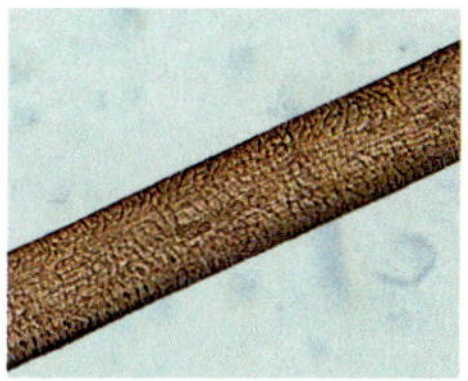
Benno von Bruch			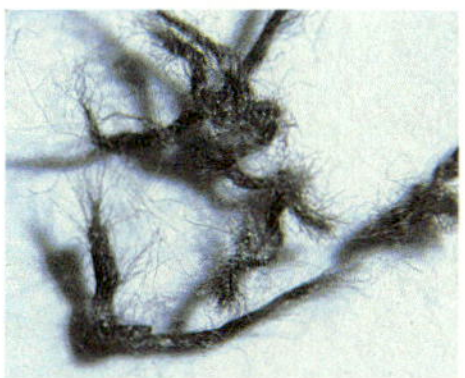	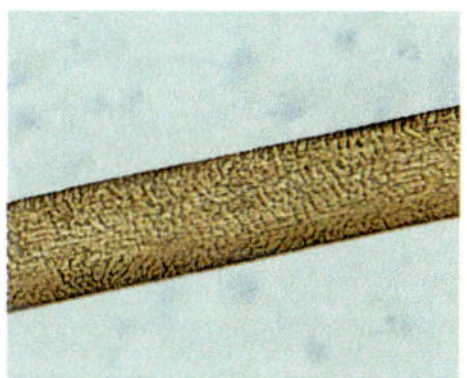
Gustav Ganowski			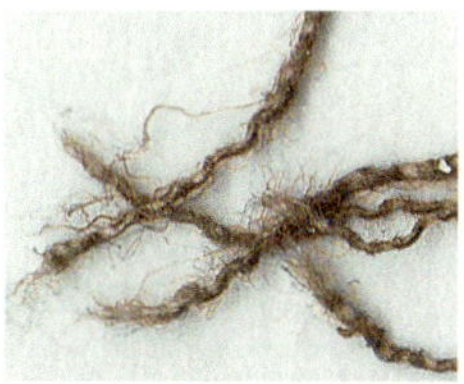	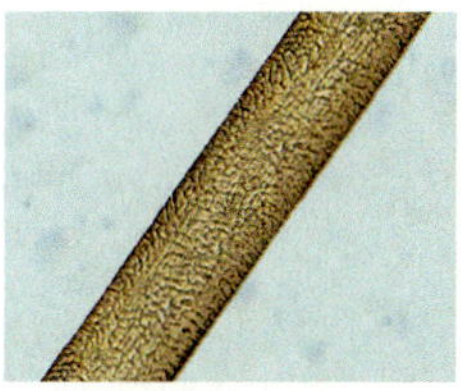

Lege eine ähnliche Spurentabelle für deine Arbeitsgruppe an. Beweise Oberkommissar Glaser, dass keiner von euch der Täter war.

Regenwurm Krümel erzählt:

Du hast mich oder einen meiner vielen Verwandten schon oft gesehen und denkst vielleicht, du wüsstest schon viel über mich und mein Zuhause.
Ich finde es sehr schön, dass du dich für den Boden und uns, die Bewohner des Bodens interessierst. Daher werde ich dir einiges über mich und meinen Lebensraum erzählen. Sieh dir einmal diese Seite genau an. Hast du nicht schon oft gedacht: „Ach, das ist doch bloß Erde“. Hättest du gedacht, dass auf und im Boden so viel Leben ist? Hier wimmelt es geradezu von Mitbewohnern. Viele von ihnen sind meine Freunde, die ich jeden Tag treffe und die mit mir zusammen dafür sorgen,

dass guter Boden entsteht. Ihre Namen kannst du selbst herausfinden. Einige sind für mich allerdings gefährliche Feinde, vor denen ich mich unheimlich in Acht nehmen muss. Ich lebe am liebsten dicht unter der Streuschicht aus herabgefallenen Blättern und abgestorbenen Pflanzenteilen, im Oberboden. Der ist ganz schön locker, weil er noch so viele vermoderte Pflanzenreste enthält. Sie bilden den Humus. Unter dem Oberboden gibt es noch den Unterboden und darunter kommen nur noch Steine.

1 Hole dir zuerst eine Bodenprobe (aus dem Wald, Schulgarten oder dem Stadtpark).
Unterwegs solltest du öfter mal die „Nase in die Bodenproben stecken“. Findest du nicht auch, dass guter Waldboden wunderbar duftet?

Wenn du dieses Buch und eine ▶ Lupe mitnimmst, kannst du schon im Wald viele meiner Freunde erkennen.
Am besten legst du eine Hand voll Erde auf ein weißes Papier und guckst dir jedes Blatt und jeden Erdkrümel mit der Lupe genau an.

2 Mit der hier abgebildeten Versuchsapparatur kannst du in der Schule noch viel mehr ▶ Bodenlebewesen finden und bestimmen.
Wenn du die Lebewesen in eine kleine Glasschale mit Deckel (dein Lehrer oder deine Lehrerin hat solche Petrischalen) setzt, kannst du sie wunderbar unter dem ▶ Binokular betrachten.
Setze alle Lebewesen aber sofort danach in den Boden zurück.
Genaue Informationen zu den einzelnen Tieren gibt dir dein Lehrer oder deine Lehrerin, oder lies in einem Bestimmungsbuch nach.

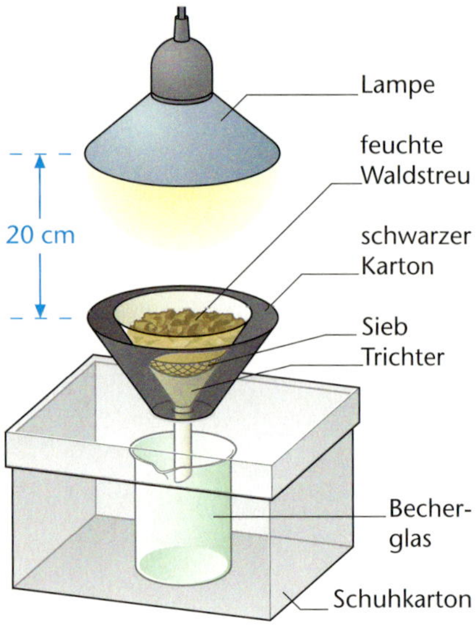

Ich habe so viele Freunde im Boden, dass die Seiten des Buches nicht ausreichen würden, um sie dir alle zu zeigen. Hier ist eine kleine Auswahl derjenigen, die du häufig finden wirst.

Asseln, wie die hier abgebildete ***Kellerassel***

Ohrwürmer, mit Zangen am Hinterleib

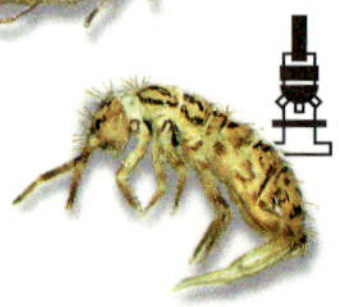

Käfer, wie ein ***Mistkäfer*** oder ein ***Kurzflügler***.
Urinsekten, wie die augenlosen ***Doppelschwänze***, oder die am besten unter dem ▶ Mikroskop sichtbaren ***Springschwänze***

Hundertfüßer und ***Tausendfüßer***, wie die ***Steinkriecher*** und ***Schnurfüßer***.

Außerdem wirst du sehr viele ***Larven*** von Mücken, Fliegen, Wespen oder Käfern finden.

Am liebsten fresse ich weitgehend vermoderte Blätter und Nadeln oder andere Pflanzenteile oder Pflanzenabfälle. Damit die Pflanzenreste schneller vermodern, ziehe ich z. B. die Laubblätter in den Boden. Wie diese Laubtüte dann aussieht, siehst du auf dem Bild.

Das Vermodern der Blätter besorgen zunächst die Bakterien und die Pilze. Die Bakterien sind so klein, dass ich sie auch noch nie gesehen habe. Die Pilze wachsen z. B. in dicken Fäden in der Erde. Im Bild siehst du Pilzfäden, wie ich ihnen begegne. Du hast in deiner Bodenprobe auf jeden Fall auch solche Fäden. Untersuche sie genau, vielleicht auch mit dem ► Binokular.

Ringelwürmer, dazu gehört der Regenwurm und die hier abgebildete weißlich-gelbe Enchyträe

Schnecken, hier siehst du eine ***Schließmundschnecke***. Sie leben überall da, wo es feucht ist.

Viele meiner Freunde, die du jetzt schon kennst, helfen bei der Zersetzung der Blätter mit. Nach Bakterien und Pilzen kommen die Milben und Springschwänze. Sie öffnen die Blatthaut, danach fressen Schnecken, Ohrwürmer, Asseln und Tausendfüßer Löcher in die Blätter. Wenn die Blätter so vorbereitet sind, schmecken sie mir besonders gut. Am Ende lassen wir nur ► Humus zurück.

Bodenspinnen, hier siehst du eine ***Zwergspinne***

Saftkugler, oft sind sie zu einer Kugel zusammengerollt

… und fresse jeden Tag so viel wie ich wiege. Dabei bin ich immer unterwegs und grabe. Manchmal wird es aber echt gefährlich für so einen friedlichen Gesellen wie ich einer bin.

Unterwegs trifft man nicht nur Freunde. Häufiger treffe ich einen dunklen Gesellen mit riesigen Grabekrallen, vor dem ich mich unheimlich vorsehen muss. Er frisst jeden Tag viele Regenwürmer.

Ein anderer hat ganz schrecklich viele Beine und ist eigentlich ein ganzes Stück kleiner als ich, aber ich kann es nicht mit ihm aufnehmen.

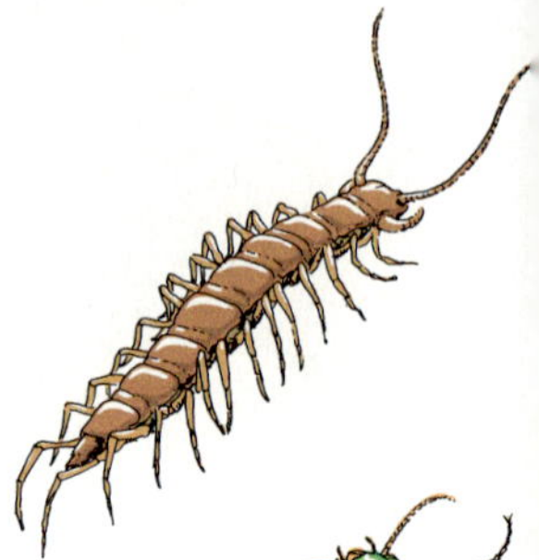

Dann ist da noch ein ziemlich schneller Käfer, der es auch auf unsereins abgesehen hat und ein pelziger, ganz flinker Feind mit einem langen dünnen Schwanz.

Da gibt es einen Riesen, der anscheinend nur aus Stacheln besteht. Der frisst auch schrecklich gerne Regenwürmer.

1 *Wer frisst wen?*
Erstelle eine ▶ Nahrungskette, in der Krümel der Erstverbraucher ist.

Wenn es stark regnet oder nachts ziemlich feucht ist, komme ich schon mal aus der Erde heraus. Dann wird es allerdings noch viel gefährlicher für mich. Hier kann es sogar passieren, dass plötzlich ein Regenwurm in die Luft entführt wird. Wahrscheinlich sind das noch viel gefährlichere Feinde, wenn die direkt aus der Luft kommen, oder?

Boden besteht aus einem ▶ Gemisch verschiedener Stoffe wie z. B. Sand, Lehm oder Ton. Alle Böden werden danach unterschieden, wie viel Sand, Lehm oder Ton sie enthalten.

Krümel trägt auch zur Lockerung und Belüftung des Bodens bei. Welche Geräte verwendet der Gartenbesitzer bzw. der Bauer dafür?

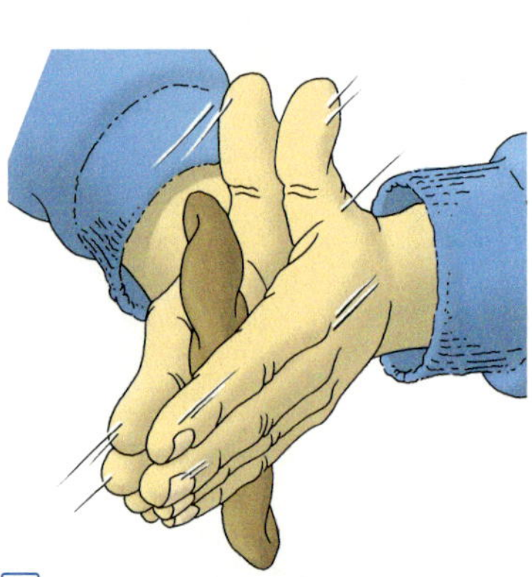

2 *„Die Wurstprobe“*
Lässt sich die Bodenprobe zu einer Wurst ausrollen, dann gehört sie zu den lehmigen oder tonhaltigen Böden.

Zerbröselt die Bodenprobe, lässt sich keine Wurst formen, dann gehört sie zu den sandigen Bodenarten.

▶ Gemisch 92

▶ Nahrungskette 104

3 *Die Schlämmprobe*

Mit der so genannten Schlämmprobe kannst du genau erkennen, welcher Boden mehr Sand, Lehm oder Ton enthält.

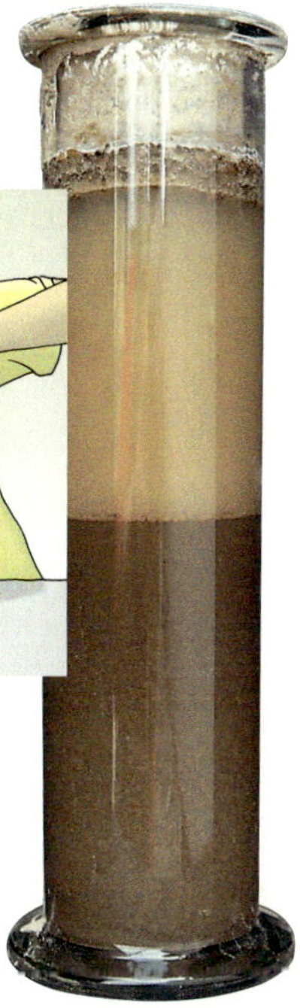

Besorge dir Bodenproben aus dem Laub- und Nadelwald, einem Gemüsegarten, von einer Wiese und einem Getreidefeld. Lasse die Proben an der Luft oder in einem Trockenschrank trocknen und sortiere die groben Teile (Pflanzenteile und größere Steine) aus. Siebe danach mit einem Sieb von etwa 2 mm Maschenweite. Fülle jetzt einen Standzylinder zu etwa 1/3 mit der Bodenprobe.

Fülle mit Wasser auf und schüttle den Standzylinder so kräftig, dass die Bodenprobe und das Wasser gut durchmischt werden. Lass das Gefäß dann solange stehen, bis sich die Bodenprobe abgesetzt hat und das Wasser wieder einigermaßen klar geworden ist. Beschreibe für jede Bodenprobe deine Beobachtungen. Versuche die ▶ Korngrößen einigermaßen abzuschätzen.

4 *Der Boden als Filter*

Baue das Bodenschichtenmodell nach. Als Schichtmaterialien kannst du feinen und groben Sand, zerriebenen Ton, Torf und Blumenerde wählen. Als unterste Schicht ist Watte geeignet.

a) Gib einen Löffel Erde in ein Glas Wasser und rühre kräftig um. Gieße das Wasser-Erde-Gemisch oben hinein. Beobachte den Durchlauf genau. Achte auch auf die Durchflussgeschwindigkeit. Wie sieht die Flüssigkeit am Ausfluss aus?
b) Gieße auch Wasser, das du mit etwas Tinte versetzt hast durch die Schichten.

Wie heißt das Wasser, das im Boden versickert ist und sich unten sammelt? Können wir es direkt als Trinkwasser verwenden? Informiere dich in deiner Stadt.

▶ Korngrößen 95

Immer da und nie beachtet

Am Teich

▶ Lupe 101

Findest du diese Tiere im Teich? Setze die Tiere, nachdem du sie bestimmt hast, sofort zurück in den Teich.

Den Stoffen auf der Spur

Bringe Ordnung in dieses Durcheinander von Gegenständen

Die Stofffahndung

1 Sammle Gegenstände wie Glasscherben, Kupferdraht, Holz, Paketschnur, Gummiringe, Korken, Bleistiftminen…

2 Du sollst das Material, aus dem die Gegenstände bestehen, den so genannten ► Stoff, so beschreiben, dass dein Mitschüler die Gegenstände erkennen kann.
Beschreibe also die ► Stoffeigenschaften. Dazu erstellst du am besten einen Steckbrief.
Beispiel:

Bei einer Stofffahndung ist ein Steckbrief ein wichtiges Hilfsmittel.

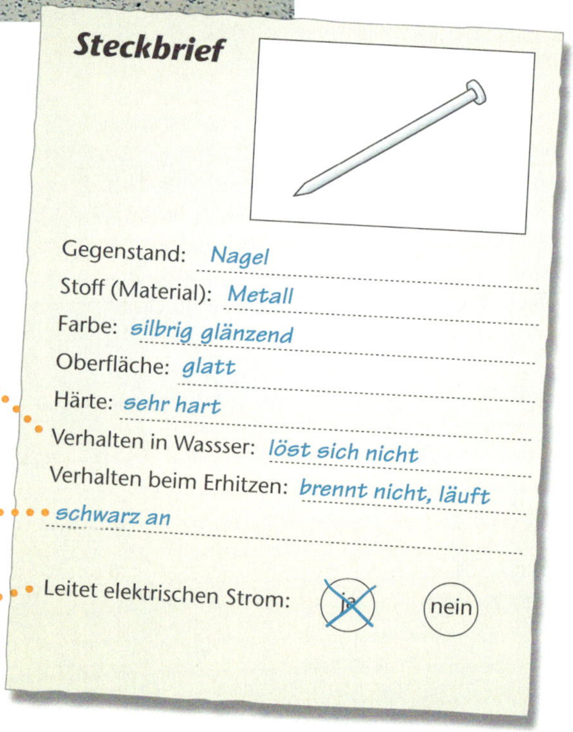

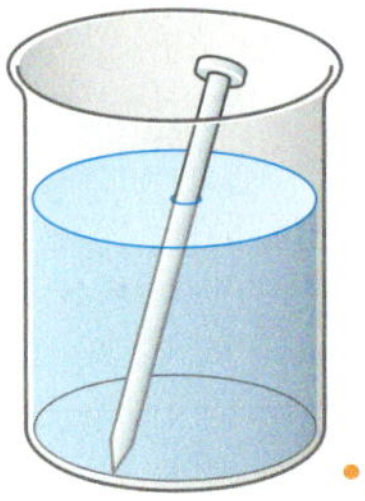

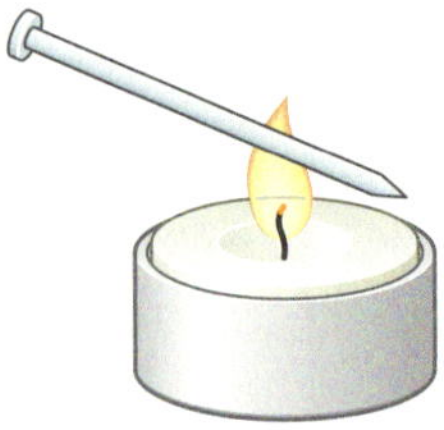

3 ***Fahndungstipps***

a) Benütze für die Experimente mit dem Teelicht eine Tiegelzange und eine feuerfeste Unterlage.
b) Baue dir für den „Stromtest" folgende Vorrichtung:

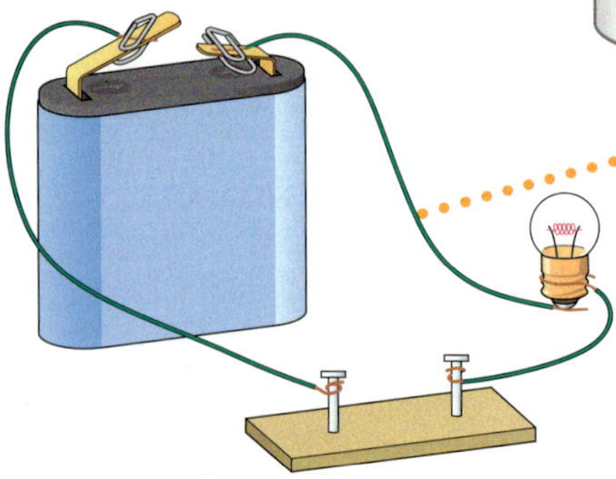

Du brauchst: 4,5 V-Flachbatterie, eine Fahrradglühlampe, etwas Draht, zwei Reißnägel, ein Stück Holz, zwei Büroklammern, eine Wäscheklammer.

Schneide vom Draht zwei etwa 15 cm lange Stücke ab. Nimm zwei Reißnägel (ohne Plastikteile!) und umwickle die Spitzen jeweils einmal mit einem Drahtende. Drücke nun die Reißnägel in das Holz rein und verbinde die Drähte mit Batterie und Lampe so wie auf der Abbildung. Wenn du dir den dritten Draht sparen möchtest, kannst du den Fuß des Lämpchens auch direkt auf die Zunge der Batterie halten.
Überbrücke die Unterbrechung im Stromkreis mithilfe von verschiedenen Gegenständen und prüfe, ob und wie hell das Lämpchen leuchtet.

Ermittlungssache: Die 3 Unbekannten

In den 3 Gläsern befinden sich 3 verschiedene Stoffe. Stand der bisherigen Ermittlungen ergab, dass es sich um diese 3 Stoffe handeln muss:

Geschmacks- und Geruchsproben darfst du nur auf ausdrückliche Anweisung der Lehrerin durchführen, da unbekannte Stoffe giftig sein bzw. zu Verätzungen führen können (▶ Gefahrstoffe).

Die Frage ist nun: In welchem Glas befindet sich welcher Stoff?

1 Bei solchen Ermittlungsaufgaben hilft die Methode der Gegenüberstellung. Vergleiche also die Eigenschaften der bekannten Stoffe mit den Eigenschaften der unbekannten Stoffe in den Gläsern. Um den Überblick nicht zu verlieren, schreibe diese zwei Tabellen in dein Heft:

A Eigenschaften unbekannter Stoffe

	Glas 1	Glas 2	Glas 3
a) Untersuchung mit dem Binokular			
b) Verhalten in Wasser			
c) Kristallbildung?			
d) Elektrischer Leiter?			
e) Verhalten beim Erhitzen			

B Eigenschaften bekannter Stoffe

Stoff	Salz	Zucker	Mehl
a) Untersuchung mit dem Binokular			
b) Verhalten in Wasser			
c) Kristallbildung?			
d) Elektrischer Leiter?			
e) Verhalten beim Erhitzen			

2 ***Fahndungstipps***

Untersuche zunächst die bekannten Stoffe:

a) Schaue dir Mehl; Zucker und Salz unter dem ▶ Binokular an.

b) Gib je einen gestrichenen Teelöffel der bekannten Stoffe Salz, Zucker und Mehl usw. in jeweils ein Glas mit 50 ml Wasser. Rühre um und beobachte, was jeweils passiert. Löst sich der jeweilige Stoff in Wasser (▶ Lösung)?

c) Gib 2 Tropfen der zubereiteten Flüssigkeit auf je ein Deckgläschen und lass sie eintrocknen.
Untersuche mit ▶ Lupe oder Binokular, ob der Stoff ▶ Kristalle bildet.

d) Prüfe mit deiner Stromtestvorrichtung, ob die Lösung den elektrischen Strom leitet. Überlege, was du dafür an der Testvorrichtung ändern musst!

e) Erhitze jeweils eine Messerspitze voll der bekannten Stoffe 3 Minuten lang auf deinem selbst gebauten ▶ Dosenbrenner.
Notiere deine Beobachtungen in Tabelle B.
Führe die Untersuchungen (a) bis (e) mit den 3 Unbekannten durch und notiere die Beobachtungen in Tabelle A.

3 ***Fahndungsergebnis***

Vergleiche Tabelle A mit Tabelle B.
Nun kannst du die drei Unbekannten identifizieren.

▶ Gefahrstoffe 92 ▶ Binokular 87 ▶ Kristalle 97

▶ Lösungen 99 ▶ Lupe 101 ▶ Dosenbrenner 89

Die Geheimnisse des Papiers

1 *Die Zeitung hat's in sich!*

Du glaubst gar nicht, wie sehr es die Zeitung in sich hat – nicht nur inhaltlich!

Untersuche einen Bogen Zeitungspapier:

a) Tropfe mit dem Finger einen kleinen Tropfen Wasser auf eine bedruckte Stelle.
   Schau genau hin! Vier Beobachtungen kannst du sicher aufschreiben.
b) Tropfe zur gleichen Zeit einen kleinen Wassertropfen an einer bedruckten und unbedruckten Stelle auf. Vergleiche die Ausfließgeschwindigkeit des Tropfens.

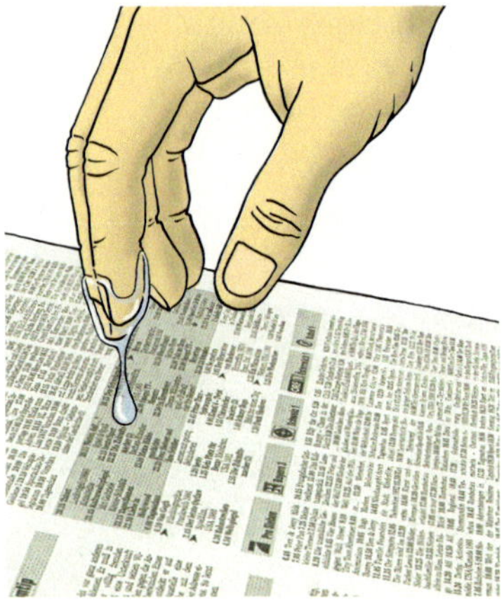

c) Betrachte das Ausfließen des Tropfens unter dem ► Binokular und dem ► Mikroskop. Was siehst du?
d) Reiße das Zeitungspapier einmal längs und einmal quer zum Text. Schließe deine Augen und spüre genau, wie sich das beim Reißen jeweils anfühlt! Stellst du einen Unterschied fest?
e) Schaue beide Reißkanten mit dem Binokular und dem Mikroskop an! Zeichne und beschreibe, was du siehst.

2 *Der Papierstrick*

a) Nimm zwei Bögen Zeitungspapier. Falte jeden der Bögen so, dass sich das größtmögliche Quadrat ergibt. Schneide die beiden Quadrate aus.
b) Wickle das eine der Quadrate längs, das andere quer zum Text auf. Die Wicklung sollte möglichst eng sein. Verdrehe die Rollen zum Schluss.
c) Prüfe nun beide Stricke auf ihre Reißfestigkeit (siehe Abbildung).

Versuche mithilfe deiner Untersuchungen über Zeitungspapier eine Erklärung dafür zu finden, warum der eine Strick reißfester ist als der andere.

3 *Zeitungspapier ist kein Toilettenpapier*

a) Papier braucht man zu unterschiedlichen Zwecken. Überlege dir, für welchen Zweck das Papier, das du hier abgebildet siehst, verwendet wird und welche besonderen Eigenschaften es haben muss. Kennst du weitere Papiersorten?

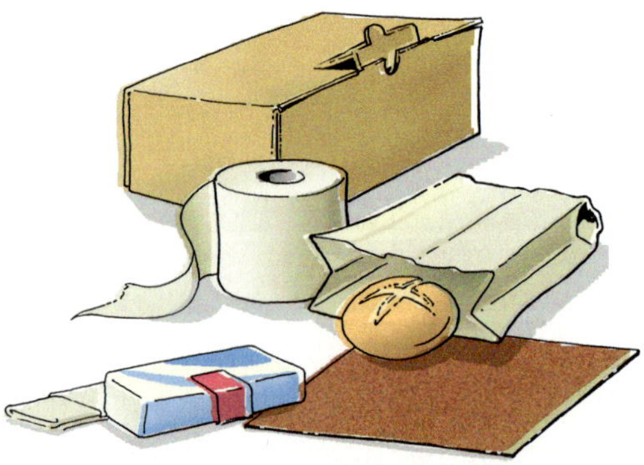

► Binokular 87

► Mikroskop 102

Gleich wird geschöpft . . .

b) Untersuche mit einer ▶ Lupe verschiedene ▶ Papiersorten. Reiße jeweils eine Ecke ab und schau dir die Reißkante an. Wie unterscheiden sie sich? Kannst du jetzt die besonderen Eigenschaften der verschiedenen Papierarten erklären?

4 *Die „Schöpfung" oder aus alt mach neu*

So kannst du selbst ▶ Papier herstellen:
Du brauchst dafür ein Becherglas, einen Pürierstab, etwas Papier (z. B. Toilettenpapier oder Zeitungspapier), eine dicke Zeitung, Schwammtuch, ▶ Schöpfrähmchen, rechteckige Plastikschüssel.

Zerreiße etwas Papier in kleine Stückchen und gib sie in ein Becherglas mit warmem Wasser.
Lass das Papier einige Tage einweichen. Püriere dann mit dem Pürierstab, damit das Papier zerfällt.
Stelle ein ▶ Präparat aus Papierbrei her, indem du mit einer Pipette einen Tropfen auf den Objektträger bringst. Untersuche es mit dem ▶ Mikroskop.

Gieße den Rest des Breis in eine rechteckige Plastikwanne und gib weiteres Wasser hinzu. Tauche dann dein Schöpfrähmchen unter den aufgerührten, dünnen Brei. Hebe es nun vorsichtig in waagerechter Haltung hoch, sodass eine gleichmäßige, dünne Schicht darin bleibt. Nimm anschließend den leeren Rahmen ab und stürze deine Papiermasse auf eine doppelte Lage alter Zeitungen. Sauge mit einem Schwammtuch das Wasser von der Unterseite des Gitters ab, bis sich das Gitter abheben lässt. Dein Papier ist jetzt noch sehr empfindlich. Lass es einen Tag trocknen.

Schau dir dein Papier mit der Lupe an und überlege dir, warum es nicht mehr auseinander fällt.
Probiere auch andere Papierarten aus. Welche lassen sich besonders gut zu neuem Papier machen?

Du kannst dein Papier auch mit etwas Phantasie zu tollem ▶ Liebesbriefpapier gestalten.

Wie heißt solches Papier?
Wie oft kann man diesen Vorgang wiederholen?
Erkundige dich, beispielsweise bei einer Papierfabrik.
Welcher Rohstoff wird ganz zu Anfang bei der Papierherstellung verwendet?

▶ Lupe 101 ▶ Papiersorten 107
▶ Präparat 108 ▶ Mikroskop 102

▶ Papierherstellung 106 ▶ Schöpfrahmenbau 112
▶ Liebesbriefpapier 98

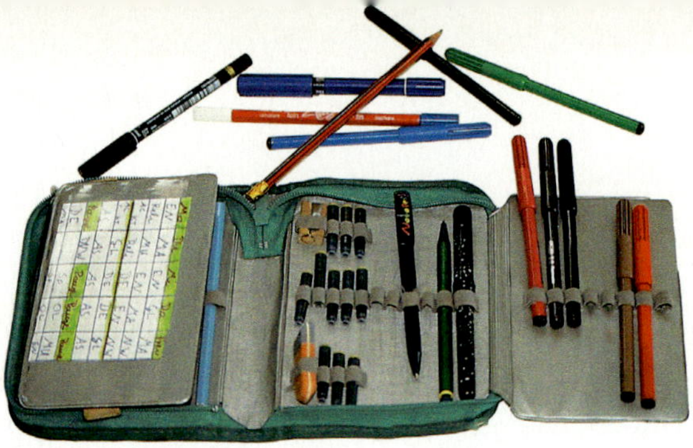

Von Fälschungen und versteckten Farben

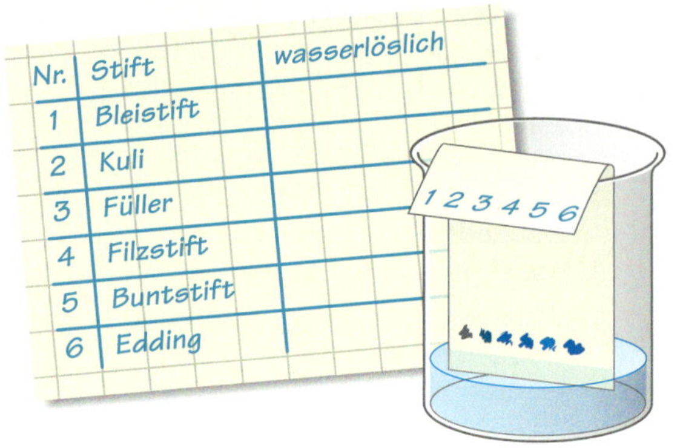

1 *Die Fälschung*

Glaubst du, dass im Landeskriminalamt (LKA) tatsächlich Papier beim Fahnden hilft?

a) Mit der ▶ Papiermethode kannst du sehen, wie der Test beim LKA funktioniert. Führe den Test mit verschiedenen Stiften aus deinem Mäppchen durch:
Trage dazu verschiedene Farbpunkte nebeneinander, etwas oberhalb des unteren Randes des Filterpapiers auf.
Hänge es so in das Wasser, dass es eben nass wird. Was kannst du beobachten?

b) Dieser Scheck wurde Herrn Meier zum Verhängnis. Er hatte den Scheck mit einem schwarzen Kuli auf 1000 € ausgestellt. Aber dann wurde von einem Betrüger eine weitere Null mit einem schwarzen Filzstift angehängt und so von Herrn Meiers Konto 10 000 € abgebucht. Wie konnte der Fahnder vom LKA den Betrug beweisen?

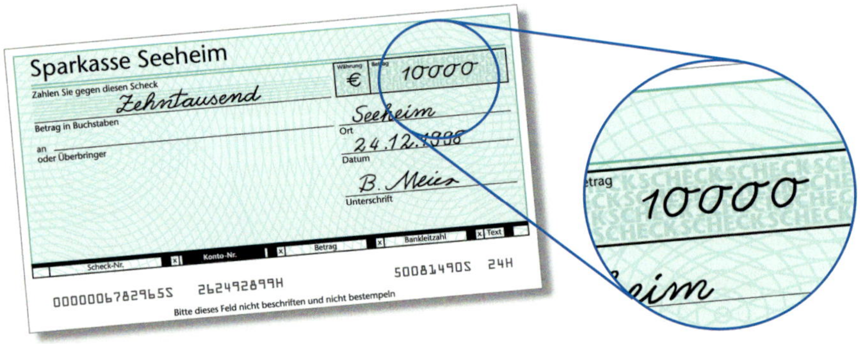

2 *Der Farbentest*

a) Du brauchst: verschiedenfarbige Filzstifte (keine wasserfesten), Rundfilter, Petrischale, Wasser.
Bohre mit einem Bleistift ein Loch in die Mitte des Rundfilters. Male mit deinem schwarzen Filzstift einen kräftigen Kreis um das Loch.
Rolle ein halbes Filterpapier so auf, dass du es als „Docht" durch das Loch stecken kannst.
Fülle die Petrischale 1 cm hoch mit Wasser und lege den Rundfilter auf den Rand, der Docht muss ins Wasser tauchen. Nimm den Rundfilter heraus, bevor die Flüssigkeit am Rand angekommen ist.

b) Wiederhole den Versuch mit anderen Filzstiften. Du kannst auch drei Stifte gleichzeitig prüfen, wenn du den Kreis um den Docht in drei Bögen teilst.

Beschreibe deine Beobachtungen.

Papiermethode 106

3 *Ein Kunstwerk für dich*

Die Vorgehensweise entspricht der des Farbentests, du benötigst zusätzlich nur noch Salat- oder Paraffinöl. Entscheide dich für zwei bis drei Filzstiftfarben. Male mit den Filzstiften symmetrisch zum Mittelpunkt des Rundfilters Ringe, Punkte und Striche. Die Muster sollen einfach und nicht zu weit vom Mittelpunkt entfernt sein. Tropfe mit einer Pipette weiter außen entsprechend einige Tropfen Salat- oder Paraffinöl auf. Stelle den Docht wie gehabt in eine Petrischale mit Wasser.

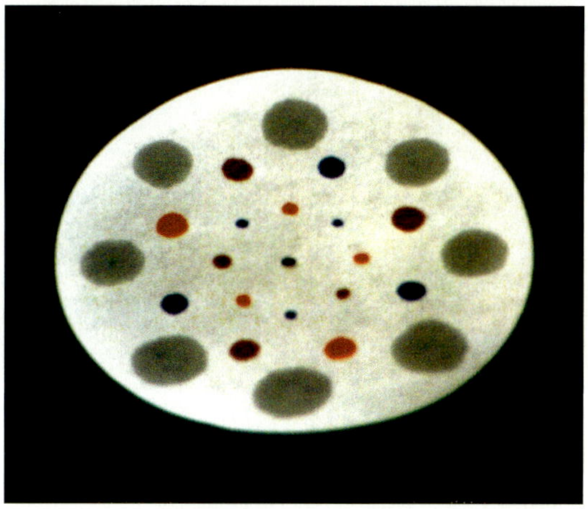

a) Beschreibe, wie sich dein Kunstwerk entwickelt.
b) Was beobachtest du an den Öltröpfchen?

4 *Ein Kunstwerk für die Klasse*

Ihr braucht ein großes Stück Küchenpapier, eine große Wasserwanne und wasserlösliche Filzstifte. Jeder bzw. jede aus der Gruppe darf Fantasiemuster (Kreise, Kleckse, dicke Linien) auf das Küchenpapier malen. Füllt etwa 1 cm hoch Wasser in die Wanne. Dann taucht den unteren Streifen des Bildes in das Wasser. Was passiert mit dem Wasser, was mit den Farben? Lasst das Bild trocknen und hängt es auf.

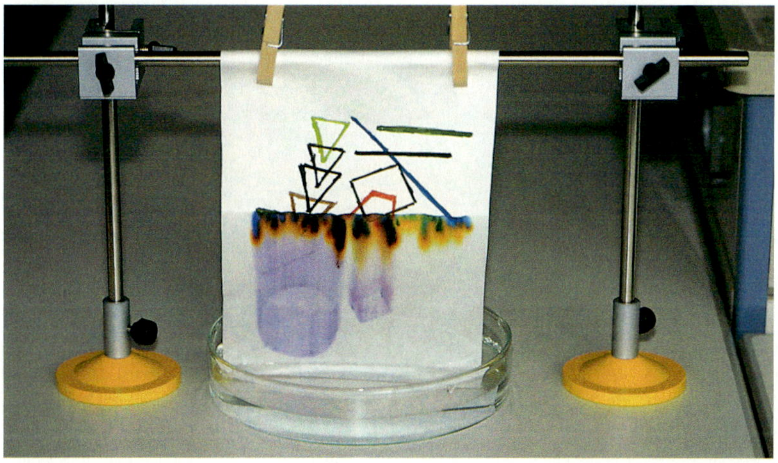

5 *Farbstoffwanderung*

Warum wandern die Farbstoffe bei der Papiermethode unterschiedlich weit? Durch die Grafik bekommst du eine erste Vorstellung. Interpretiere die Grafik, vervollständige dazu die folgenden Sätze:

a) Die Röhre entspricht bei der ▶ Papiermethode den Hohlräumen zwischen den . . .
b) Durch die Tropfen wird das . . . dargestellt.
c) Die großen und kleinen Kugeln mit den zwei Ärmchen sollen . . . darstellen.

Papiermethode 106

Gegen den Durst

Und was trinkst du?

It's tea-time
... Das älteste Erfrischungsgetränk der Welt

Schon lange deckten die Menschen ihren Flüssigkeitsbedarf von ca. 2 Litern pro Tag nicht mehr einfach nur mit reinem Quellwasser. Sie veränderten den Geschmack mit verschiedenen Sorten Tee.

Hibiskus

Hagebutte

1 Viele Früchtetees sind ein ▶ Gemisch aus verschiedenen getrockneten Früchten. Bringe einen Früchtetee deiner Wahl mit. Nimm eine Pinzette und ein ▶ Binokular und sortiere die Bestandteile nach ihrem Aussehen. Vergleiche mit der Packungsaufschrift und versuche die Bestandteile zu benennen.

Apfel

Holunder

2 Dass die Wassertemperatur nicht nur im Schwimmbad wichtig ist, kannst du durch folgenden Versuch feststellen.
Du brauchst: zwei Teegläser, Teelöffel, losen Früchtetee, kaltes und warmes Wasser. Fülle zwei Gläser mit Wasser – eines mit kaltem, das andere mit heißem.
Gib jeweils einen halben Teelöffel Früchtetee auf die Wasseroberfläche. Stoppe die Zeit ab dem Zeitpunkt, ab dem du den Tee zugegeben hast. Achte in beiden Teegläsern auf:

a) Farbe und Größe der Fruchtstückchen
b) Farbe und Geruch der Flüssigkeit
c) Geschmack

Prüfe den Geschmack jeweils nach einer und nach fünf Minuten. Notiere die übrigen Beobachtungen nach 10 bzw. 30 Sekunden, nach einer, zwei, bzw. fünf Minuten in einer Tabelle. Diese Tabelle kann folgendermaßen aussehen:
Warum muss das Wasser für die Teezubereitung heiß sein?

	10 s	30 s	1 Min.	2 Min.	5 Min.	
kalt						Farbe der Fruchtstückchen
heiß						
kalt						Größe der Fruchtstückchen
heiß						
kalt						Farbe der Flüssigkeit
heiß						
kalt						Geruch der Flüssigkeit
heiß						
kalt	–	–		–		Geschmack
heiß	–	–				

▶ Binokular 87

▶ Gemisch 87

3 *Ein bitteres Vergnügen?*
Auf jeder Teeverpackung steht, wie lange der Tee ziehen sollte. Bereite zwei Gläser mit heißem Wasser vor. Gib einen Teelöffel schwarzen Tee vorsichtig in jedes Glas. Den Tee in Glas 1 lässt du genau die angegebene Zeit ziehen, den in Glas 2 lässt du länger ziehen. Vergleiche! Wie hat sich der Geschmack verändert?

4 *Die Teeblätter müssen raus*
Welche Methoden kennst du, um die Teeblätter aus dem Wasser herauszuholen? Erkundige dich in einem Teegeschäft. Ähnliche Möglichkeiten der ▶ Stofftrennung werden auch in anderen Bereichen verwendet. Welche Vor- und Nachteile haben die unterschiedlichen Methoden?

5 *Eistee*
Eistee erfreut sich zunehmender Beliebtheit. Was enthält dieses beliebte Teegetränk? Auf der Verpackung findest du die Angaben der Inhaltsstoffe. Welche sind es?

6 *Eistee selbst gemacht*
Du brauchst nur drei Zutaten: schwarzen Tee, Zitronensaft und Zucker. Probiere aus, welche Mischung dir am besten schmeckt. Notiere in Gramm (g) und ▶ Milliliter (ml) die Zusammensetzung deiner Lieblingsmischung.

7 *Zitronentee*
Löse Zitronentee in heißem und kaltem Wasser. Was stellst du fest? Mit ein bisschen Geduld kannst du dir ein solches Pulver selbst herstellen. Dazu musst du deine filtrierte Teeprobe aus Aufgabe 6 eindampfen (▶ Stofftrennung). Gib dazu zwei Teelöffel deiner Probe in die gereinigte Aluminiumhülle eines Teelichtes. Stelle es auf den selbst gebauten ▶ Dosenbrenner und erhitze. Größere Mengen kannst du besser in einem Kochtopf auf einer Heizplatte eindampfen.

▶ Stofftrennung 116

▶ Milliliter 104 ▶ Dosenbrenner 89

Von Saft und „Säften"

1 Säfte selbst gemacht

Stelle aus unterschiedlichen Obstsorten Saft her. Welche Frucht ist am ergiebigsten?
Gehe so vor: Wiege die ganze Frucht, presse sie aus, wiege nun den Saft. Welche Frucht hat den größten Saftanteil?
Mit welcher Methode der ▶ Stofftrennung kannst du am besten das Fruchtfleisch vom Saft trennen?

Du brauchst:
Messer, Stampfer, Leinentuch, Schüssel, Zitronenpresse, Küchenwaage, Latex-Handschuhe, Messbecher

2 Frischer Orangensaft

Wie viel ▶ Milliliter Orangensaft kannst du aus einer Orange auspressen? Probiere! Schätze ab, wie viele Orangen du benötigst, um 1 Liter frischen Orangensaft herzustellen.

Du brauchst:
Messbecher, Orangenhälfte, Zitronenpresse, Saftflasche

3 Saft ist nicht gleich Saft

Versuche mithilfe von Etiketten auf Getränkeflaschen den vier Abbildungen die Begriffe „Fruchtsaftgetränk", „Nektar", „Limonade", und „Saft" zuzuordnen (▶ Saft und Limonaden).

▶ Stofftrennung 116 ▶ Milliliter 104

▶ Saft und Limonaden 110

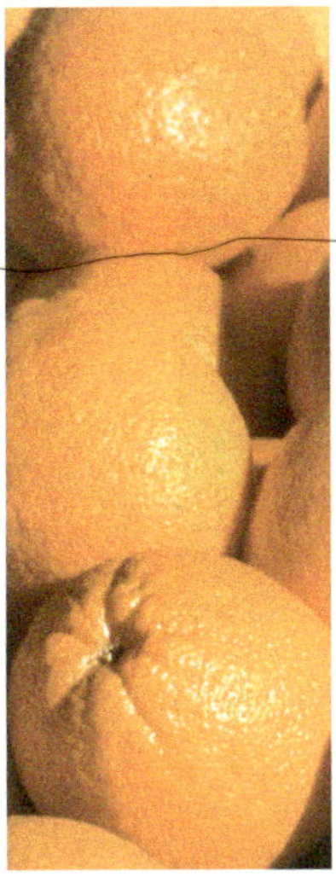

4 *Säfte selbst verdünnt*

Stelle aus deinem selbst gemachten Orangensaft
a) 100 ml Nektar
b) 100 ml Fruchtsaftgetränk
her.
Überlege, wie viel ▶ Milliliter Orangensaft und Wasser du jeweils brauchst.
Vergleiche den Geschmack deiner Mischungen mit gekauftem Nektar und gekauftem Fruchtsaftgetränk.
Wie viele Teelöffel Zucker musst du zu deinen Proben hinzugeben, um etwa die gleiche Süße zu erzielen.
Wie viel Zucker würdest du dann für 1 Liter benötigen?

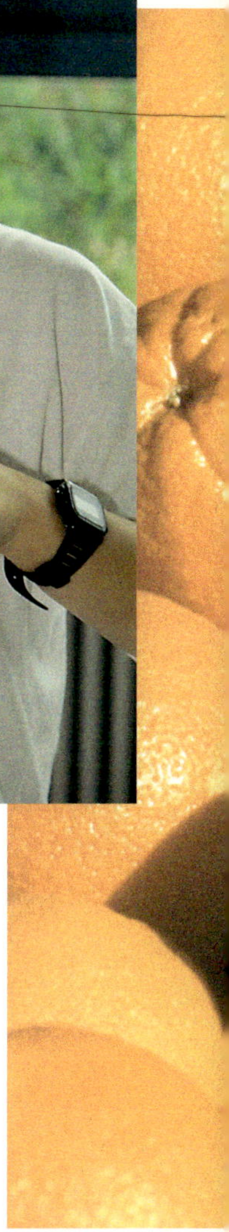

5 *Berge von Orangen für Deutschland*

Finde heraus:
Wie viele Menschen leben in Deutschland?
Wie viel Liter Orangensaft trinken sie?
Wie viele Orangen müssen dafür gepflückt werden?

6 *Viele Millionen Orangen schwimmen über den Ozean*

Die Orangen werden nach der Ernte gleich verarbeitet. Es wird Saft hergestellt. Um Transportkosten zu sparen, wird den Säften soweit wie möglich das Wasser entzogen. Es entstehen Konzentrate. Sie werden per Schiff oder Flugzeug zu uns transportiert. Bei uns angekommen, wird das Wasser wieder zugesetzt, um daraus Saft, Nektar und Fruchtsaftgetränke herzustellen.

Konzentrat selbst gemacht:

Wiege eine Orangensaftprobe in die Aluminiumhülle eines Teelichtes ein, sodass Teelicht und Saft zusammen 10 g wiegen. Erhitze diese Probe vorsichtig, sie sollte nicht anbrennen. Wiege erneut, nachdem kein Dampf mehr aufsteigt.

a) Wie viel Wasser musst du wieder zugeben, um Orangensaft herzustellen?
b) Welches Hilfsmittel benötigst du, um das Konzentrat wieder zu lösen?

▶ Milliliter 104

Sprudelnde Getränke

1 Was macht den Sprudel zum Sprudel?

a) Öffne eine volle Sprudelflasche.
b) Gieße ein Glas Sprudel ein. Gieße ein Glas Wasser ein – Vergleiche!
c) Tauche in beide Gläser einen Trinkhalm ein.
d) Trinke durch den Halm vom Sprudel und vom Wasser. Notiere nun alle Beobachtungen (sehen, spüren) von (a) bis (d) getrennt.

Schau auf dem Etikett nach, wie der Inhaltsstoff des Sprudels, der für die Bläschenbildung verantwortlich ist, bezeichnet wird.

Dieser Stoff ist ein Verwandlungskünstler! Wenn die Flasche geöffnet wird wandelt er sich zum Nichts – oder?

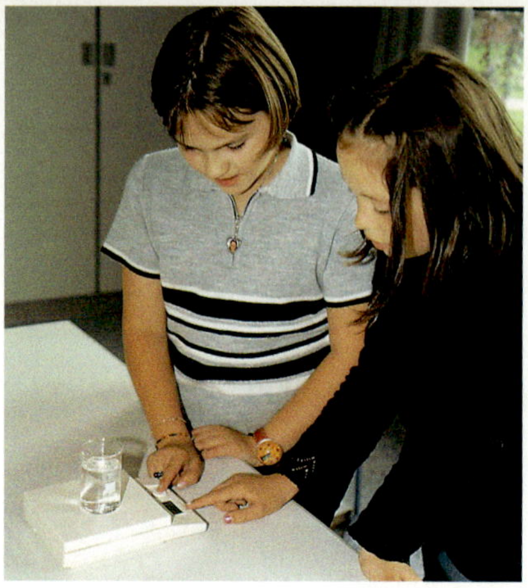

2 Haben die Bläschen ein Gewicht?

Wiege 100 g ► Mineralwasser ab. Rühre 3 Minuten mit einem Löffel um. Wiege erneut. Was stellst du fest?
Wiederhole den Versuch und stelle das Glas beim Umrühren in heißes Wasser. Trockne das Glas außen sorgfältig ab und wiege erneut! Wie erklärst du dir den Unterschied?

3 Was steckt sonst noch im Mineralwasser?

Überlege dir ein Verfahren zur ► Stofftrennung, mit dem du das Wasser so entfernen kannst, dass gelöste Mineralstoffe sichtbar werden. Benütze deinen selbst gebauten ► Dosenbrenner. Verwende außerdem einen Teelöffel oder eine Teelichthülle. Lies die Namen der Mineralstoffe von den verschiedenen Flaschenetiketten ab.

4 Der beste Durstlöscher

Er besteht aus einer Mischung von Mineralwasser und Apfelsaft, dem sogenannten Apfelschorle. Stelle folgende Apfelschorle her:

	Apfelsaft	Mineralwasser
A	50 ml	50 ml
B	75 ml	25 ml
C	25 ml	75 ml

Welches Mischungsverhältnis schmeckt dir am besten?

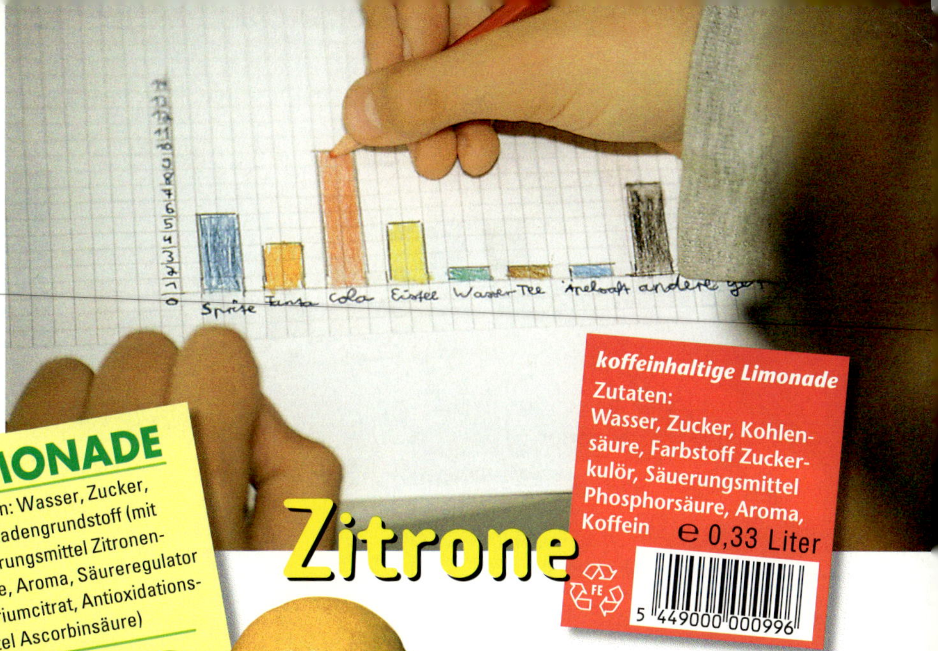

5 *Lieblingsgetränke*
Sicherlich trinken in deiner Klasse die wenigsten reines Mineralwasser. Ermittle anhand einer Umfrage, welche sprudelnden Getränke in deiner Klasse die beliebtesten sind.
Erstelle ein Säulendiagramm.

6 *Woraus macht man Limonaden?*
Sammelt die Flaschenetiketten von euren beliebtesten Limonaden (▶ Saft und Limonaden). Findet heraus, welche ▶ Lebensmittelzusatzstoffe die ▶ Stoffeigenschaften
a) Süße
b) Farbe
c) Fruchtgeschmack
bewirken. Notiert euer Ergebnis in einer Tabelle.

7 *Bonbons aus Limonade?*
Fülle eine gesäuberte Aluminiumhülle eines Teelichtes zur Hälfte mit Limonade. Erhitze sie auf deinem selbst gebauten ▶ Dosenbrenner. Je weniger Flüssigkeit im Gefäß ist, umso langsamer musst du erhitzen, denn sonst brennt das Konzentrat an. Lass es abkühlen und probiere mit dem Finger von der Oberfläche! Woran erinnert dich der Geschmack? Kannst du das „Bonbon" wieder in Wasser lösen?

Mit Rotkohl zaubern und forschen

Rotkraut – ein zauberhafter Stoff

1 *Herstellung der Zaubertinktur*

a) Schneide ein Stück Rotkraut in dünne Streifen und gib diese mit etwas Sand und Wasser in einen Mörser. Zerdrücke sie mit einem Pistill. Gieße den Rotkohlsaft vorsichtig in ein Glasgefäß.

b) Herstellung der klaren Flüssigkeiten:

1 Teelöffel Natron + Wasser

Wasser + farbloser Essig

reines Leitungswasser

Jetzt kannst du mit dem Zaubern beginnen.
Mit welchen ▶ Stoffen kannst du die Farben des Zauberers (s. S. 44) am besten erzeugen?

Die Lösung wird

rot	violett	blaugrün

2 Teste verschiedene Lösungen mit Rotkrautindikator.
Materialien: s. Abbildung links, Wasser, 10 Reagenzgläser, Reagenzglashalter, Wasser, Spatel, Etiketten, Stift, Pipette, Rotkrautsaft.
Durchführung: Beschrifte die Reagenzgläser und fülle zwei Daumen breit Wasser in jedes Glas. Gib in 9 der Reagenzgläser einen der abgebildeten ▶ Stoffe. Füge mit einer Pipette jeweils drei Tropfen Rotkrautsaft hinzu.
Beobachtung: Beobachte den Farbumschlag und notiere den Namen der jeweiligen Lösung am richtigen Platz in der Tabelle.

Der Rotkrautsaft, ein sog. ▶ Indikator, verändert seine Farbe, je nachdem, ob die ▶ Lösung, in die er getropft wurde sauer, neutral oder „laugenhaft" (weil sie sich wie Seifenlauge verhalten; das Fachwort für laugenhaft ist „alkalisch") ist.

▶ Stoffe, die du in der Spalte „violett" eingetragen hast sind neutral, in der Spalte „blaugrün" stehen die alkalischen Stoffe. Notiere die drei Begriffe (sauer, alkalisch, neutral) in die entsprechenden Spalten deiner Tabelle.

▶ Stoff 115 ▶ Lösungen 99

▶ Indikatoren 93

3 ***Wasser ist nicht gleich Wasser***
Teste ein Glas Mineralwasser mit Rotkrautsaft. Vergleiche mit normalem Leitungswasser. Rühre das Mineralwasser um und lass das Glas kurze Zeit stehen. Was zeigt der Rotkraut-Indikator nun an?

Verwende nie ▶ Stoffe, deren Verpackung ein Gefahrensymbol (▶ Gefahrstoffe) trägt.

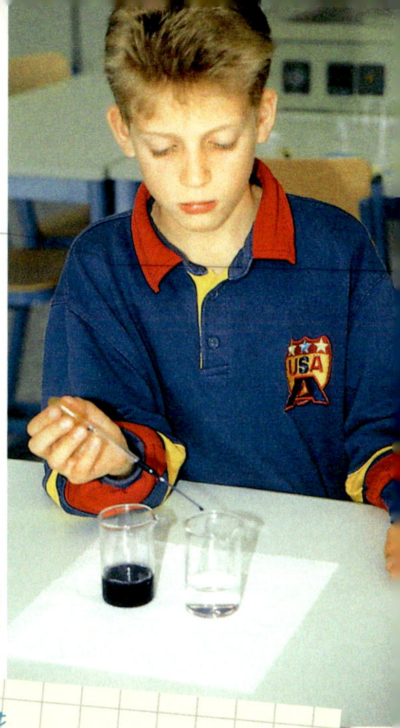

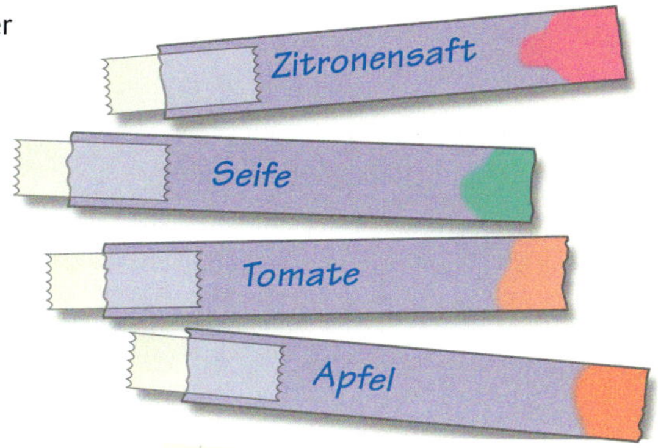

4 Für weitere Untersuchungen ist es bequemer, mit ▶ Teststreifen (Rotkrautindikator) zu arbeiten. So lässt sich auch zu Hause vieles untersuchen. Untersuche jeden Stoff jeweils zweimal. Klebe die eine Serie der getrockneten Teststreifen nach den drei Farben für sauer, alkalisch und neutral geordnet in dein Heft. Vergiss nicht, auf die Streifen zu schreiben, welchen Stoff du untersucht hast. Die zweite Streifenserie brauchst du für (5).

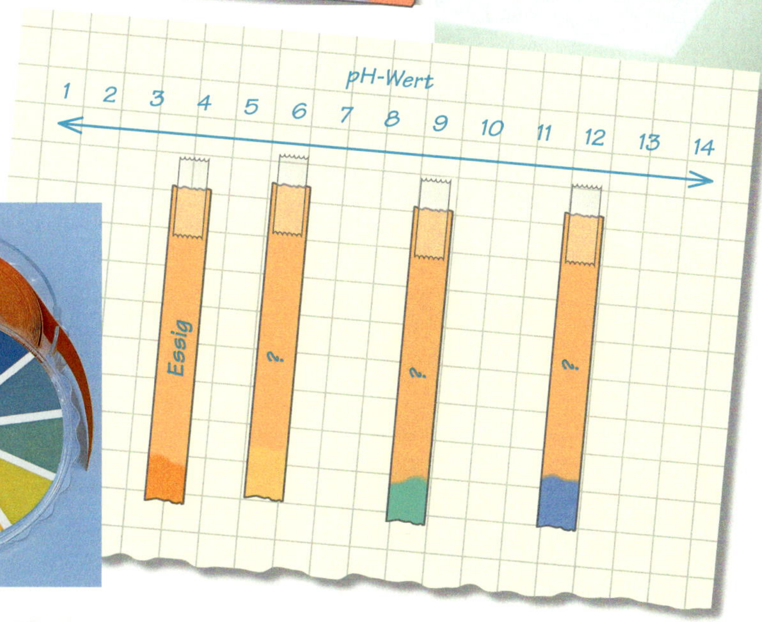

5 Mit einem ▶ Universalindikator kannst du genauer untersuchen, wie stark sauer oder alkalisch eine Lösung ist.
Auf der Verpackung des Indikatorpapiers findest du eine Farbskala mit Zahlenwerten von 1 bis 14, den so genannten ▶ pH-Wert. Teste dieselben Lösungen wie in (4) und gib ihren pH-Wert an. Zeichne die pH-Wert-Skala von 1 bis 14 eine halbe Seite hoch in dein Heft und klebe die Teststreifen an die richtige Stelle. Vergleiche mit den Streifen aus (4) und klebe sie dazu ein.

6 Fülle ein Reagenzglas etwa 2 cm hoch mit einer Lösung von Natron in Wasser. Gib Rotkrautsaft dazu. Tropfe nun mit der Pipette vorsichtig Essig dazu. Schüttle zwischendurch, damit sich alles gut vermischt. Wie viele Tropfen brauchst du, bis der Rotkrautindikator „neutral“ anzeigt?

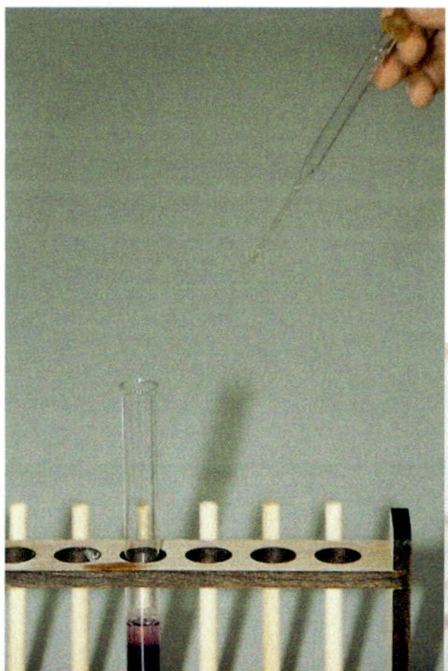

7 ***Jetzt noch ein Zaubertrick …***
Gib 2 cm hoch Natron-Lösung in ein Reagenzglas und färbe sie mit Rotkrautsaft. In einem zweiten Reagenzglas stellst du eine mit Rotkraut gefärbte Essiglösung her. Lass nun mit der Pipette ganz vorsichtig die Essig-Lösung über die Natron-Lösung laufen. Beobachte die Farben.

▶ Stoffe 115 ▶ Gefahrstoffe 92
▶ Universalindikator 118
▶ Teststreifen 117
▶ pH-Wert 107

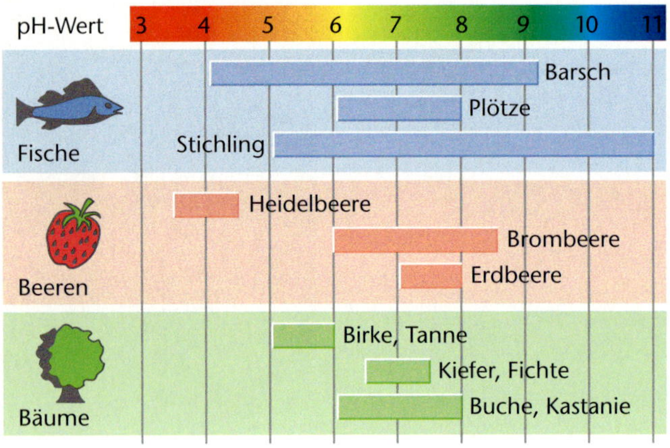

Der pH-Wert von Böden und Gewässern ist lebenswichtig für Pflanzen und Fische.

Ein Blick in die Natur

Viele Tiere und Pflanzen reagieren sehr empfindlich auf eine Veränderung des pH-Wertes.

1 *Wie ein Fisch im Wasser*

Sammle Informationen zum Thema ▶ Fischsterben und berichte deinen Mitschülern und Mitschülerinnen, bei welchen pH-Werten welche Fische lebensfähig sind.

2 *Wie Fische „sauer" werden*

Sicherlich gibt es in eurer Klasse Aquarienliebhaber, die euch etwas über die Bedeutung des ▶ pH-Wertes im Aquarium erzählen können.

3 *Als „Essig" vom Himmel fiel*

Im Jahre 1981 fiel im Bayrischen Wald von Luftschadstoffen versauerter Regen vom Himmel, der fast so sauer wie Tafelessig war. Er hatte einen pH-Wert von 3,5.
Welchen pH-Wert hat der Regen in deiner Stadt? Fange an mehreren Tagen den Regen in sauberen Behältern auf und bestimme den pH-Wert mit Universalindikatorpapier.

Zeigerpflanze: Huflattich

4 *Gartendetektive*

Es gibt eine ganze Reihe von Pflanzenarten, die sich in leicht saurem Boden wohlfühlen.
Ein Gärtner kann allein über den Pflanzenbewuchs eines Stücks Brachland auf die Art des Bodens schließen. Solche Pflanzen heißen ▶ Zeigerpflanzen.
Findet ihr einige auf dem Schulgelände? Was sagen sie über den Boden aus?

5 *Saurer Regen – Pflanzenkiller*

Unsere Waldbäume reagieren auf den ▶ sauren Regen mit Nadel- und Blätterabwurf und Wurzelschäden.
Wie sauer ist der Boden in deinem Schulumfeld?
Um den ▶ pH-Wert des Bodens zu bestimmen, benutzt du ein empfindlicheres Messgerät, das Boden-pH-Meter, an dem man die Messwerte direkt ablesen kann. Zeichne eine Karte des Schulumfelds und trage die Messergebnisse ein.

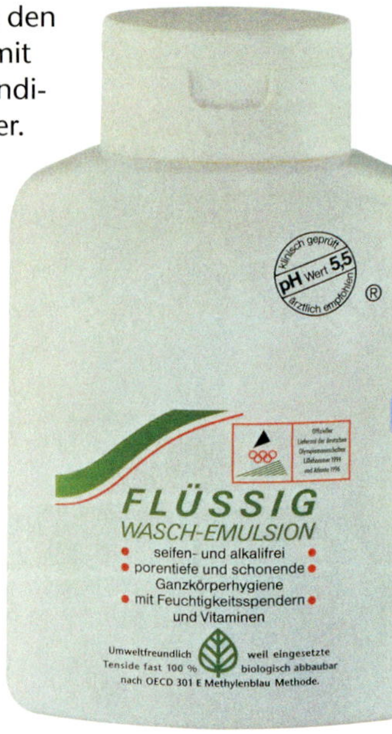

6 *Samtweiche Haut*

Die Oberfläche unserer Haut ist leicht sauer und schützt uns dadurch vor Krankheitskeimen. Stark alkalische Reinigungsmittel zerstören diesen Säureschutzmantel.
Geht in ein Geschäft und vergleicht die angegebenen pH-Werte von Shampoos und Seifen.

▶ Fischsterben 90 ▶ pH-Wert 107 ▶ saurer Regen 110 ▶ Zeigerpflanzen 122

7 *Steinfresser am Werk*

Saurer Regen zerstört Sand- und Kalkstein sehr stark. Man nennt diesen Vorgang Korrosion. Die Oberfläche der Baudenkmäler wird rauh und bröselig. Schließlich brechen ganze Stücke ab.
Fotografiere zerstörte Baudenkmäler in deiner Stadt. Präsentiere deine Fotos in der Klasse und zeige die Zerstörungen.
Tropfe ein wenig Essig auf ein Stückchen Kalkstein oder Marmor. Was passiert?

8 *Ameisenkrieger*

Wusstest du, dass Ameisen ihre Feinde mit Ameisensäure bespritzen? Informiere dich auch über die Feinde, die damit abgeschreckt werden. Bewege ein mit Wasser angefeuchtetes Stück Indikatorpapier vor dem Eingang einer Ameisenkolonie. Mit etwas Glück greifen Ameisen an und du bekommst ein paar Spritzer von der Säure auf das Papier.
Auch in Bienen- und Wespenstacheln ist übrigens Ameisensäure enthalten.

9 *Pflanzenschutz*

Du hast sicher schon mal schmerzhafte Erfahrungen damit gemacht, wie Brennnesseln sich vor Feinden schützen. Schneide einige Brennnesselblätter ab. Betrachte die Brennhaare der Blätter durch das Binokular. Die Spitzen brechen bei Berührung ab und geben eine Flüssigkeit frei, die Ameisensäure enthält. Lege einen angefeuchteten Indikatorpapierstreifen unter das Binokular und versuche, die Brennhaare auf dem Papier mit einer Pinzette zu zerdrücken.

Brennhaare einer Brennnessel (REM-Aufnahme)

Frühling – die Zeit

Was stellen denn die beiden Karten dar? Sind die gleich, ähnlich oder ganz anders?

Guten Morgen liebe Zuhörer, es ist 7 Uhr. Sie hören die Wettervorhersage für Donnerstag, den 26. März.

Nach Auflösen von starkem Frühnebel mit Sichtweiten um 50 m setzt sich die Sonne im Laufe des Vormittags stärker durch. Gleichzeitig nimmt der Wind aus westlichen Richtungen zu. Gegen Nachmittag zieht von Westen her eine Regenfront mit starker Bewölkung auf und es kommt zu starken Niederschlägen. Diese nehmen gegen Abend ab und die dichten Wolken lockern sich auf.

Die Tagestemperaturen werden im Laufe des Morgens unter Nebel kaum 5 °C überschreiten, mit zunehmender Sonneneinstrahlung sind gegen Mittag 15 °C zu erwarten. Die Nachmittags- und Abendtemperaturen liegen bei ca. 10 °C.

les Erwachens

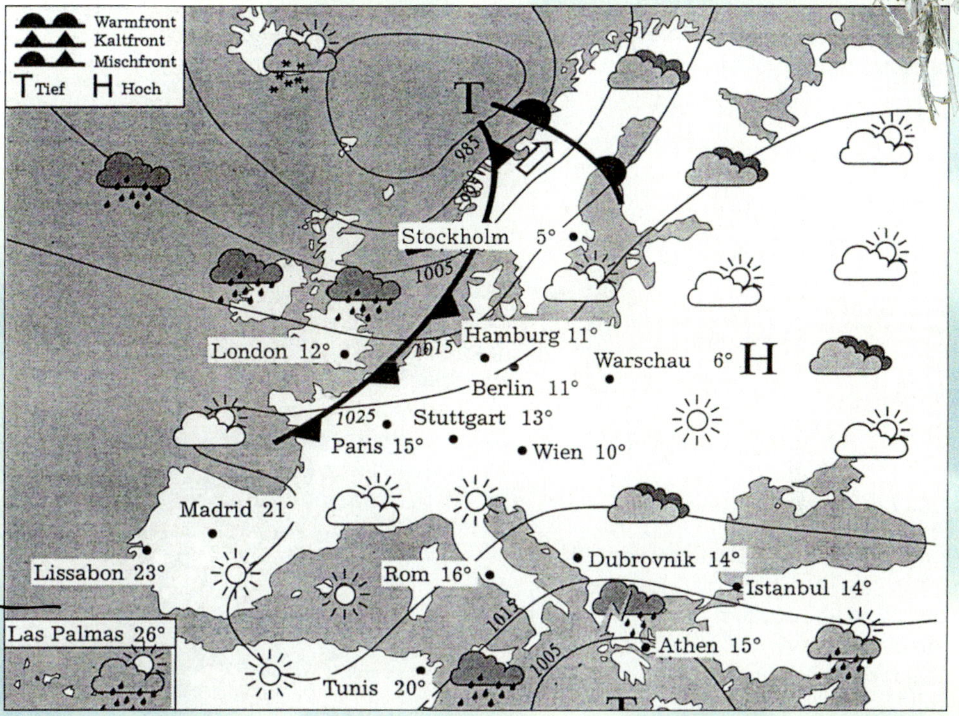

Du brauchst einen kleinen Topf, eine Heizplatte, braune Zwiebelschalen, Wasser, ausgeblasene Eier, hart gekochte Eier, Feinstrümpfe, Gummiringe, Bindfaden, Streichhölzer, kleine Blättchen und ein kleines Küchenmesser.

Vorbereitung des Färbebads:
Fülle einen kleinen Topf mit Zwiebelschalen und gib ca. 1,5 Liter Wasser dazu. Bringe das Wasser auf einer Heizplatte zum Kochen.

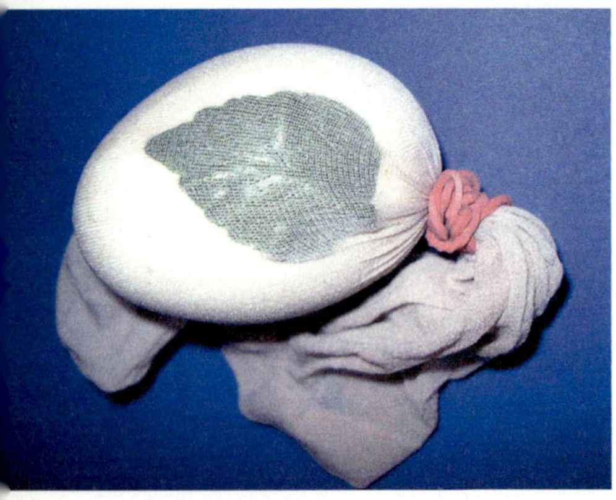

1 *Ostereier mit Blattmotiv*

a) Schneide den Feinstrumpf in drei Stücke. Ziehe das Feinstrumpfstück über ein ausgeblasenes Ei und lege dann ein kleines Blättchen zwischen Strumpf und Ei. Damit das Blättchen auch an seinem Platz bleibt, musst du das Strumpfstück ein wenig festziehen und es dann mit einem Gummiring fixieren.

b) Lege das vorbereitete Ei in das Färbebad und lasse dieses weiter köcheln. Du musst darauf achten, dass das Ei vollständig untergetaucht ist. Bei ausgeblasenen Eiern kannst du dies durch Beschweren mit einem Löffel o. Ä. erreichen. Nimm das Ei nach ca. 10 Minuten wieder heraus und lasse es abkühlen. Entferne das Strumpfstück und das Blättchen und lass das Ei trocknen.

2 *Ostereierstrauß*

a) Verknote ein Stück Bindfaden an einem halben Streichholz. Stecke das Streichholz durch das Loch auf der schmalen Seite des Eis. Wenn du jetzt an dem Bindfaden ziehst, legt sich das Streichholz im Ei quer. Mache eine Schlaufe an das andere Ende des Bindfadens, damit du das Ei aufhängen kannst.

b) Holt ein paar Zweige herein und stellt sie in eine Vase oder einen Papierkorb. Nun könnt ihr alle eure Ostereier an den Zweigen aufhängen.

3 *Ostereier kratzen*

Du kannst auch ein gefärbtes Ei (verwende am besten ein hartgekochtes) nehmen und mit einem Küchenmesser Figuren in die Eierschale kratzen. Dadurch können kleine Kunstwerke entstehen!

Probier doch das Ganze auch einmal mit roten Zwiebelschalen, Kaffee oder schwarzem Tee aus!

Wasser – schadet's oder nützt's?

10. März: . . . 1 m Neuschnee auf der Zugspitze lockte viele Snowboarder und Skifahrer auf die Pisten. Einige Pisten mussten wegen Lawinengefahr gesperrt werden.

12. März: . . . Durch den starken Temperaturanstieg herrscht bis in hohe Lagen Tauwetter. Mit Überflutungen und Erdrutschen muss gerechnet werden.

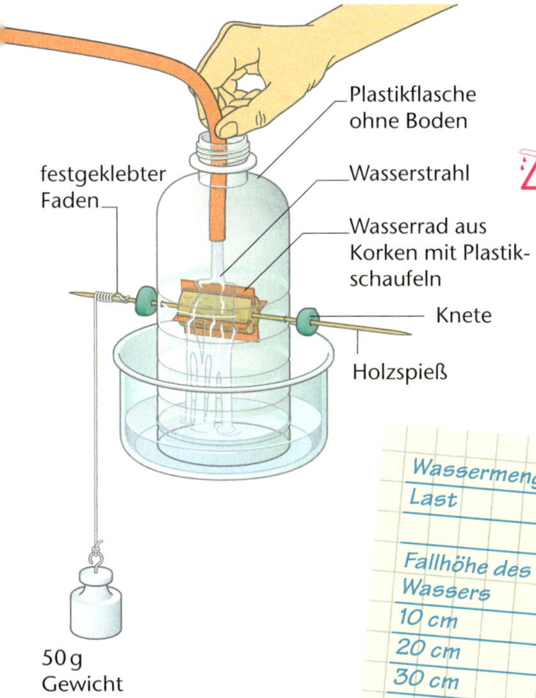

1 *Gebändigte Kräfte*

a) Nenne Beispiele dafür, dass die Kräfte des Wassers die Gestalt der Erdoberfläche verändern.

b) Finde Beispiele für die Nutzung der Wasserkraft durch den Menschen. Wie hat das Wasser den Menschen die Arbeit erleichtert?

2 *Wasser arbeitet*

Gewichtheben mit einem Wasserstrahl:

a) Gieße jeweils die gleiche Menge Wasser in den Trichter.
Verändere die Höhe des Trichters in 10 cm-Schritten. Wie hoch wird das Gewicht jeweils gehoben?

Wassermenge	1,5 l
Last	50 g
Fallhöhe des Wassers	**Gehobene Strecke**
10 cm	
20 cm	
30 cm	
40 cm	
50 cm (voll)	
50 cm (halbvoll)	

b) Fülle den Behälter einmal voll und einmal nur zur Hälfte. Gieße beide Male bei gleicher Höhe das Wasser in den Trichter. Wie weit wird die Last jeweils gehoben?

c) Worauf müsstest du beim Bau eines ▶ Wasserkraftwerks achten?

3 *Wer schafft Wasser nach oben?*

a) Lasse das Wasser von unten nach oben in die Tasse wandern. Stelle die Schüssel dazu auf eine sonnige Fensterbank.

b) Wie kommt das Wasser in die Tasse?

c) Überlege, wie der Vorgang in der Natur abläuft. Erkläre, warum man ihn ▶ „Kreislauf des Wassers" nennt. Vergiss den Begriff ▶ „Wolke" nicht.

d) Woher kommt die notwendige ▶ Energie? Welche Energieumwandlungen finden statt?

4 *Zu viel des Guten*

Manchmal werden schwere ▶ Schäden durch Wasser angerichtet.
Welche Katastrophen sind dir bekannt. Welche sind vermeidbar?
Wie können sich Menschen gegen die „Kraft" des Wassers schützen?

▶ Wasserkraftwerk 119
▶ Wolken 121
▶ Energie 89

▶ Kreislauf des Wassers 95
▶ Schäden durch Wasser 111

So ein Nebel – man sieht kaum die Hand vor Augen!

1 *Nebel selbst gemacht*
Erhitze in einem Gefäß mit Deckel Wasser auf eine Temperatur von 60 °C (Thermometer).
Halte über das geöffnete Gefäß ein Schale mit Eis. Was kannst du beobachten?
Suche eine Erklärung, warum es gerade morgens oder abends zu Nebelbildungen kommt! Benutze Fachbegriffe wie verdunsten, kondensieren, Wasserdampf, . . . (▶ Aggregatzustände).

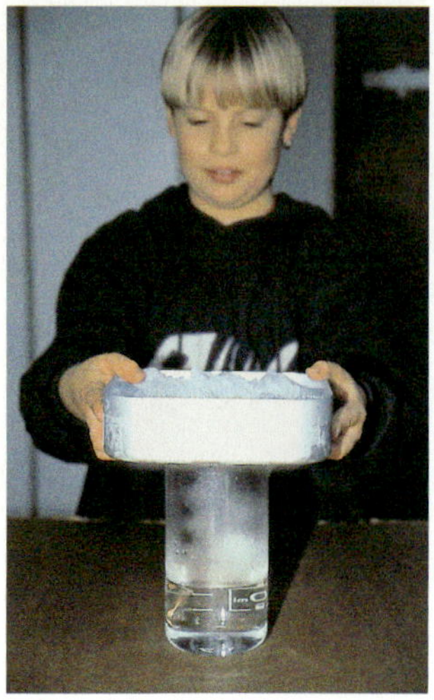

2 *Der ▶ Nebel löst sich auf*

a) Blase mit einem Föhn vorsichtig kalte Luft über den künstlichen Nebel.
b) Probiere es nun mit warmer Luft.
Was kannst du beobachten?

3 *Wasserversuch*

a) Nimm drei flache Schalen und fülle jeweils 100 ml Wasser hinein. Markiere den Wasserstand. Stelle Schale 1 auf die Fensterbank des Klassenraumes, Schale 2 in den Schrank. Schale 3 wird mit einer Glasplatte abgedeckt und ebenfalls auf die Fensterbank gestellt. Beobachte in den nächsten Tagen die Veränderungen und schreibe sie mit dem jeweiligen Datum auf.
b) Hole dir vom Lehrertisch in drei Bechergläsern Wasser mit verschiedenen Temperaturen, z. B. 20 °C, 40 °C und 60 °C. Halte nun eine gekühlte Glasplatte oder einen gekühlten Spiegel über jedes geöffnete Gefäß.
Was beobachtest du? Gibt es Unterschiede?
   - Erkläre, wie das Wasser aus dem Becherglas an die Glasplatte gekommen ist. Stelle dir dazu vor, dass Wasser, wie alle ▶ Stoffe, aus ▶ kleinsten Teilchen besteht.
   - Kannst du dir vorstellen, was ▶ Luftfeuchtigkeit bedeutet?

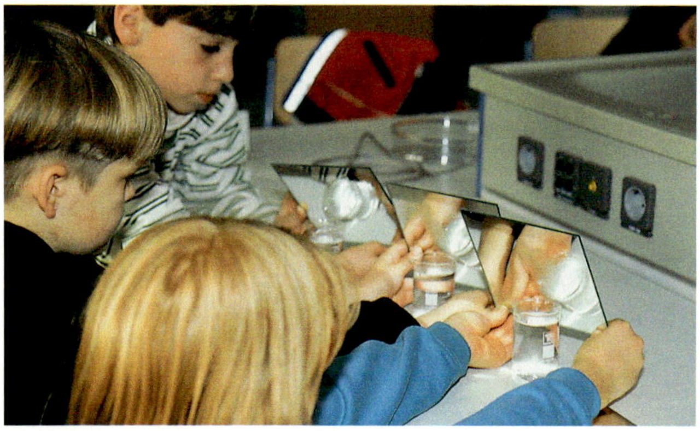

▶ Aggregatzustände 86
▶ kleinste Teilchen 94

▶ Nebel 105 ▶ Stoffe 115
▶ Luftfeuchtigkeit 101

Wolken entstehen nur in der Höhe!

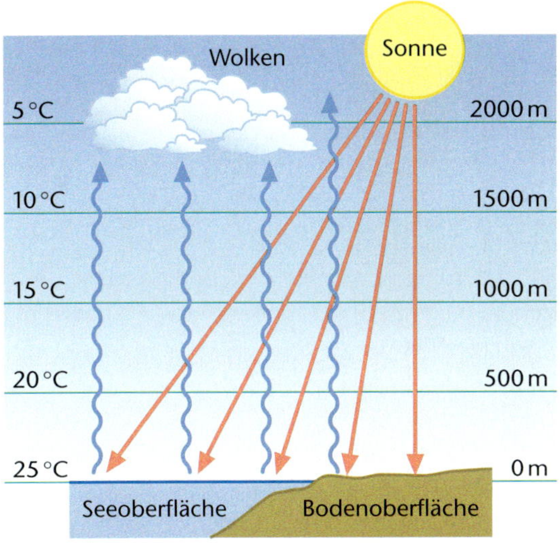

4 Wie entstehen Wolken?
Erläutere anhand der Abbildung die Entstehung von Wolken. Wende an, was du in (3) gelernt hast und schreibe einen kurzen Bericht in dein Heft.

14:00 UHR

5 Wolkenbilder
▶ Wolken sehen sehr unterschiedlich aus. Die Bilder zeigen einige Beispiele. Erkunde mithilfe von Fachbüchern, welche unterschiedlichen Wolken es gibt, wie man sie nennt und welches Wetter sie anzeigen. Sammle Fotos von verschiedenen Wolkenbildern und stelle einen eigenen Wolkenatlas zusammen.

Schönwetterwolken

16:00 UHR

6 Einige Wolken bringen ▶ Regen
Beschreibe aufgrund deiner Erfahrung, wie Regenwolken aussehen. Das in den Wolken gespeicherte Wasser kann mit der Zeit immer dichtere Wolken – Regenwolken – bilden, aus denen dann entweder langsam, manchmal aber auch wolkenbruchartig das Wasser zur Erde fällt. Die Regenmengen kann man mit einem ▶ Regenmesser bestimmen.

Regenwolken mit Regenfront

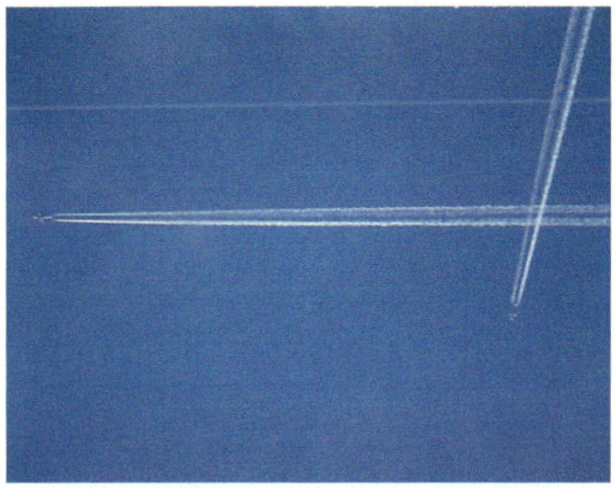
Kondensstreifen

a) Miss mit dem selbst gebauten Regenmesser täglich die Niederschlagsmenge. Trage die gemessenen Werte in eine Monatstabelle ein.

b) Zähle am Ende eines jeden Monats die gemessenen Werte zusammen und berechne, wie viel Liter Wasser auf jeden Quadratmeter Boden gefallen sind. Stelle dir diese Menge einmal in Wassereimern vor (in jeden Eimer passen 10 l).
c) Vergleiche die Werte der einzelnen Monate miteinander. Besorge dir auch Messwerte vom Wetteramt.
d) Miss mit einem Bandmaß die Länge und Breite des Schulhofes aus. Berechne die Fläche. Wie viel Liter Wasser sind dort in einem Monat gefallen. Wie viele Wassereimer voll waren das?
e) Finde heraus, wohin das Regenwasser verschwunden ist.

▶ Wolken 121 ▶ Regen 109

▶ Regenmesser 109

Sommerschule - ein

Das Wetter heute:

Die Hochdruckzone in Mitteleuropa wird von einem Schwall kalter Höhenluft überlagert. In den Küstenbereichen sind deshalb in den Mittagsstunden einzelne Schauer und Gewitter zu erwarten. Im nördlichen Deutschland ziehen zeitweise Wolkenfelder durch, in Alpennähe können örtlich ebenfalls Gewitter auftreten.
Im übrigen Deutschland wird es sonnig und niederschlagsfrei sein. Die Tagestemperaturen steigen von morgens 9 bis 14 °C auf 22 bis 27 °C.

Die weiteren Aussichten:
Morgen ist es anfangs freundlich, später treten vor allem im Norden, Osten und Südosten einzelne Schauer oder Gewitter auf. Tageshöchsttemperaturen im Norden 20 bis 25 °C, am Oberrhein bis 28 °C.
In den nächsten Tagen nähern sich von Westen her die Ausläufer eines kräftigen Tiefs über Island, die auffrischende Winde und verstärkte Niederschläge bringen werden.

Tag im Freibad

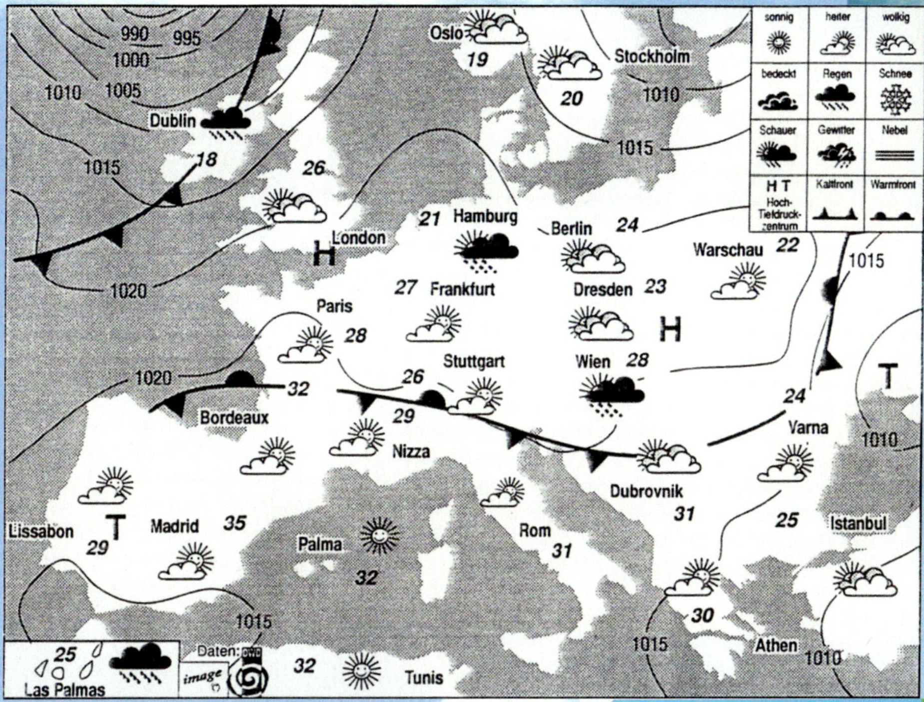

Sonnenlicht – für Vieles nutzbar

1 *Es bleibt lange hell*

a) Um wie viel Uhr geht heute die ▶ Sonne auf bzw. unter? Schlage in einem Kalender nach. Berechne die ▶ Tageslänge und vergleiche mit den Tageslängen zu Beginn der anderen drei Jahreszeiten.

b) Finde heraus, warum die Sonne im Sommer viel länger scheint als im Winter (▶ Jahreszeiten). Achte darauf, wie die Drehachse der Erde zur Sonne steht und bedenke, dass du auf der Nordhalbkugel bist.

c) Ist dein Schatten im Sommer oder im Winter länger? Gibt es auch einen Unterschied zwischen dem Morgen- und dem Abendschatten?

2 *Sonnenuhr – mal klein*

Du brauchst einen Blumentopf mit Sand, eine runde Pappscheibe (Durchmesser so groß wie der Blumentopf), einen passenden Holzstab und einen Filzstift.

Stecke den Stab in den mit Sand gefüllten Blumentopf. Nachdem du den Topf in die Sonne gestellt hast, markierst du zu jeder vollen Stunde mit dem Filzstift die Position des Schattens auf der Pappscheibe.

An Sonnentagen kannst du dann stets die Zeit ablesen. Du darfst aber den Standort deiner Sonnenuhr nicht verändern!

3 *Sonnenuhr – mal groß*

Du brauchst 10 Ziegelsteine, einen 2 m langen Pfahl, eine Stelle im Schulhof, die immer von der Sonne beschienen wird.

Sucht in eurem Schulgelände nach einer geeignete Stelle, die nie im Schatten liegt. Mitten drin stellt ihr einen Pfahl auf. Zu jeder vollen Stunde legt ihr einen Ziegelstein am Ende des Schattens hin. Vergesst nicht, die Uhrzeit darauf zu schreiben. An anderen Sonnentagen könnt ihr die Zeit ablesen, wenn ihr bei eurer Sonnenuhr seid. Fällt euch etwas auf, wenn ihr Wochen später wieder die Zeit ablesen wollt?

▶ Sonne 112   ▶ Tageslänge 117

▶ Jahreszeiten 94

Energie von der Sonne

4 *Kochen mit Sonnenlicht*

Baue einen Sonnenofen. Klebe eine Schüssel mit Alufolie aus und glätte sie mithilfe eines Balles so lange, bis sie wie ein Spiegel aussieht. Richte sie zur Sonne aus. Suche den Brennpunkt deines ▶ Hohlspiegels mit einem Streifen Papier. Halte ein wassergefülltes Reagenzglas in den Brennpunkt. Miss die Zeit, bis das Wasser siedet.

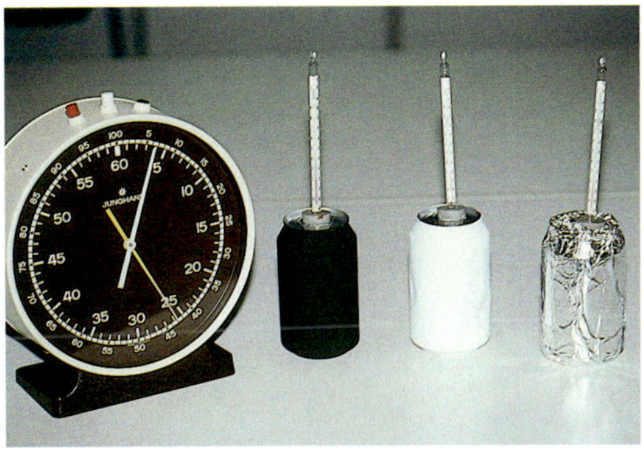

5 *Warmes Wasser durch die Sonne*

a) Fülle die Getränkedosen mit Wasser und stelle sie in die Sonne. Protokolliere den Temperaturanstieg des Wassers in einer Messreihe und zeichne ein ▶ Diagramm. In welcher Dose wird das Wasser am wärmsten? Erkläre deine Ergebnisse.

b) Wie funktioniert diese Campingdusche?

6 *Warmes Wasser für das ganze Haus*

a) Manche Häuser sind mit einem ▶ Sonnenkollektor ausgestattet. Wozu wird hier die Energie der ▶ Sonnenstrahlung genutzt?

b) Wir bauen ein Modell eines Sonnenkollektors.
Materialien: 1,5-l-PET-Flasche, Pinsel, schwarze Farbe, Knete, Karton, Gummipfropfen, Thermometer, Schlauch, Wasser, Nagel, Kerze, Schere (am besten Nagelschere).

Durchführung: Male den Schlauch und die Innenseite des Kartons schwarz an. Halte den Nagel über die Kerzenflamme (Topflappen benutzen!) und bohre dann mit dem heißen Nagel zwei Löcher (wie auf der Abbildung) in die Flaschenwand. Erweitere die beiden Löcher mithilfe einer Schere so, dass der Schlauch hineinpasst; zum Abdichten benutzt du Knete. Vervollständige den Versuchsaufbau wie in der Abbildung. Stell dann deinen Sonnenkollektor in die Sonne.

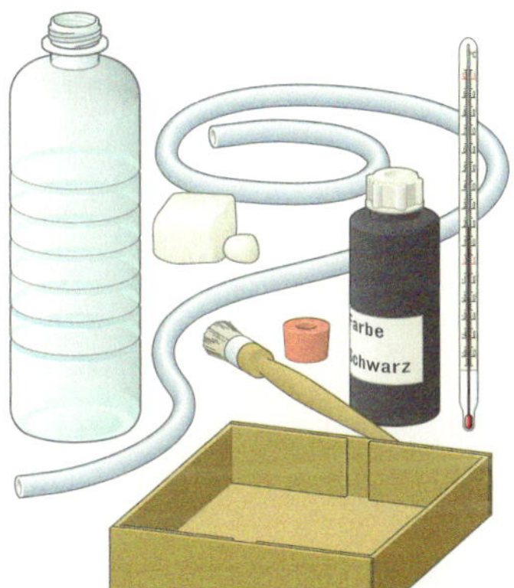

Beobachtung: Lege eine Tabelle an und miss die Wassertemperatur in regelmäßigen Abständen. Vergleiche die Wassertemperatur am unteren und am oberen Schlauchanschluss. Kannst du erklären, wie das Modell funktioniert? Vergleiche es mit dem Sonnenkollektor.

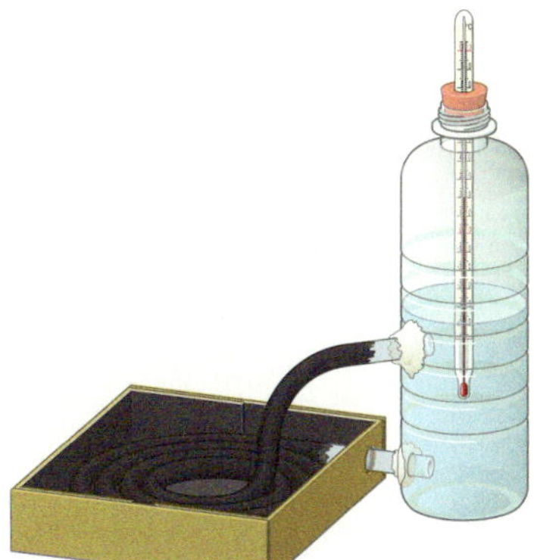

▶ Hohlspiegel 93   ▶ Diagramm 88

▶ Sonnenkollektor 113   ▶ Sonnenstrahlung 113

Sonnenstrahlung – schön und manchmal gefährlich

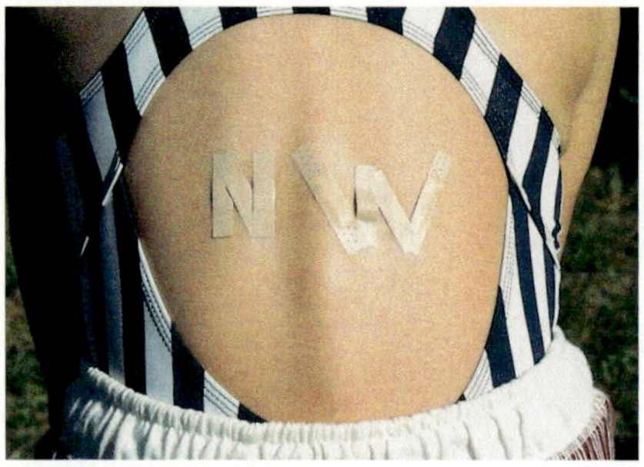

1 Wärmestrahlen sind nur ein Teil der ► Sonnenstrahlung. Sie enthält auch gefährliche Strahlen, die deine Haut verändern können. Lies den Text auf einer Flasche mit Sonnenmilch. Wie heißen die gefährlichen Strahlen?

2 Welche Schäden können sie verursachen? Überlege, wie du dich davor schützen kannst.
Sieh dir verschiedene ► Sonnenschutzmittel näher an. Was bedeuten die Schutzfaktoren? Welchen Sonnenschutzfaktor benötigst du für deinen Hauttyp (► Sonnenstrahlung)?

3 Sonnenstrahlen können auch andere Stoffe verändern: Lege verschiedene Gegenstände auf eine Zeitung. Lass sie einige Stunden in der Sonne liegen.

4 In einem ► Regenbogen wird Sonnenlicht in seine Bestandteile zerlegt. Erzeuge selbst einen Regenbogen. Sprühe dazu mit einem Schlauch einen feinen Sprühregen in die Luft. Die Sonne muss hinter dir sein. Welche Farben kannst du sehen?

5 Du kannst Sonnenlicht ebenfalls mit einer CD in Farben zerlegen (► Farbspektrum). Notiere jeweils die Farben und vergleiche die Reihenfolge.

6 Du hast soeben den sichtbaren Teil des ► Farbspektrums der Sonne untersucht.
Ultraviolett-Licht (UV-Strahlung) und Infrarot-Licht (IR-Strahlung) sind für unsere Augen unsichtbar (► Sonnenstrahlung). Einige Tiere können sie jedoch sehen. Informiere dich.

► Sonnenstrahlung 113 ► Sonnenschutzmittel 113

► Regenbogen 109 ► Farbspektrum 90

Die Vorhersage – Wie wird das Wetter morgen?

Der Sommer ist die Zeit der Ausflüge und Gartenfeste. Wie wird das Wetter sein? Scheint die Sonne oder wird es regnen? Wird es windig oder gibt es gar ein Gewitter?

1 a) Ein Rennteam im Automobilsport muss möglichst genau wissen, welches Wetter zu erwarten ist. Kannst du dir denken, weshalb?

b) Viele Unternehmen geben viel Geld für zuverlässige Wetterberichte aus. Überlege dir, welche Tätigkeitsbereiche das sein könnten.

2 Für die ▶ Wettervorhersage brauchen wir die „Wetterfrösche".
Blättere zur Themenseite „Sommer – ein Tag im Freibad" zurück und vergleiche den Wetterbericht mit dem ▶ Satellitenbild und der ▶ Wetterkarte.
Vergleiche auch den Wetterbericht in deiner Tageszeitung. Schneide ihn aus und klebe ihn in dein Heft.

3 Versuche dich als Wetterfrosch.
Dein Ziel ist es vorherzusagen, ob das Wetter morgen sonnig oder regnerisch wird.

Dazu musst du heute stündlich die Wetterdaten protokollieren (▶ Protokoll).
Du brauchst als Messgeräte ein Thermometer, einen ▶ Luftdruckmesser und einen ▶ Windmesser.

Jetzt geht es los

a) Bereite in deinem Heft eine Tabelle, wie nebenstehende, vor.
b) Miss die Lufttemperatur im Schatten und die Wassertemperatur im Schwimmbecken.
c) Bestimme den ▶ Luftdruck mit einem käuflichen Barometer und vergleiche mit deinem selbst gebauten Luftdruckmesser.
d) Prüfe, welches ▶ Wolkenbild am Himmel zu sehen ist.
e) Stelle die ▶ Windrichtung fest.

Wetterprotokoll Freitag, 21. Juni

Uhrzeit	7.00	8.00	9.00	10.00	11.00	12
Lufttemperatur	14°	15°	18°	22°	24°	2
Wassertemperatur	19°	19°	19°	19°	20°	2
Luftdruck	1019 hPa	1020 hPa	1022 hPa	1025 hPa	1025 hPa	1
Windrichtung	SO	SO	SO	S	S	S
Bewölkung	☼	☼	☼	☼	⛅	
Wolkenbild					Schönwetterwolken	

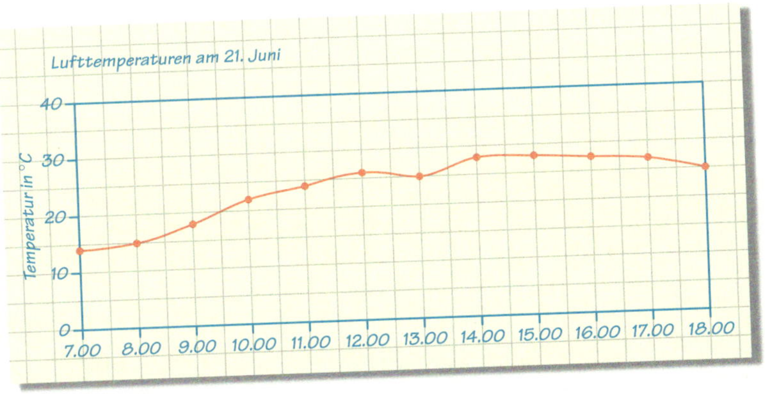

Das musst du noch tun

a) Fertige mithilfe deiner Tabelle ein ▶ Diagramm für den Temperaturverlauf (Luft) von heute an.
b) Was kannst du schneller überblicken, Tabelle oder Diagramm?
c) Wenn du es für praktisch hältst, kannst du noch weitere Diagramme aus deiner Tabelle anfertigen.
d) Welche zwei Zeilen deiner Tabelle sind für deine ▶ Wettervorhersage wohl die wichtigsten? Schau dir dazu die ▶ Wetterkarte aus der Zeitung von heute nochmal genau an. Wie lautet deine „Wettervorhersage" – wird es morgen sonnig oder regnerisch?

▶ Satellitenbild 110
▶ Windmesser 120
▶ Wetterkarte 119
▶ Luftdruck 100
▶ Diagramm 88

▶ Protokoll 109
▶ Luftdruckmesser 100
▶ Wolken 121
▶ Windrichtung 121
▶ Wettervorhersage 120

Der Herbst – eine

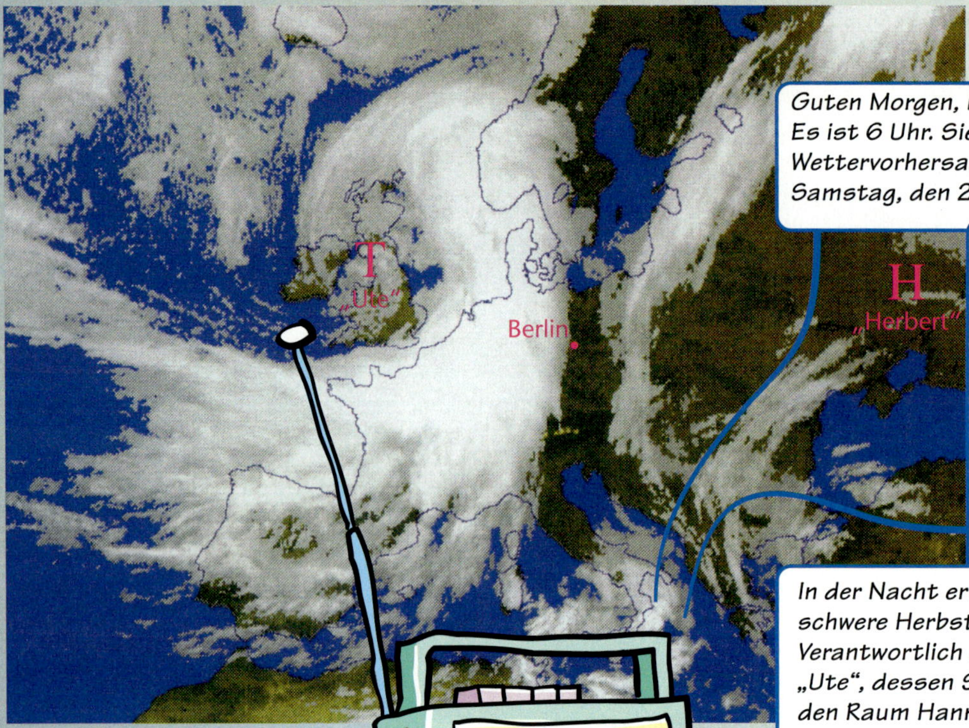

Guten Morgen, liebe Zuhörer. Es ist 6 Uhr. Sie hören die Wettervorhersage für Berlin, Samstag, den 24. Oktober.

Bei Sonnenaufgang schenkt uns das Hoch „Herbert“ zunächst einen weiteren sonnigen Oktobertag mit Mittagstemperaturen bis zu 18 °C. Gegen Abend verdichten sich die Wolken schnell. Der Wind dreht auf westliche Richtungen und frischt stürmisch auf.

In der Nacht erwartet uns der erste schwere Herbststurm dieses Jahres. Verantwortlich dafür ist das Tief „Ute“, dessen Sturmfront bereits den Raum Hannover erreicht hat. Und hier kommt die Unwetterwarnung vom Wetterdienst Berlin: In der Nacht ist im Großraum Berlin und Brandenburg mit schweren Sturmböen zu rechnen. In freien Lagen wird der Wind Orkanstärke mit Geschwindigkeiten über 100 km/h erreichen und bis in die Morgenstunden andauern. Auch morgen ist mit stürmischem Wetter und vereinzelten schweren Sturmböen zu rechnen.

windige Zeit

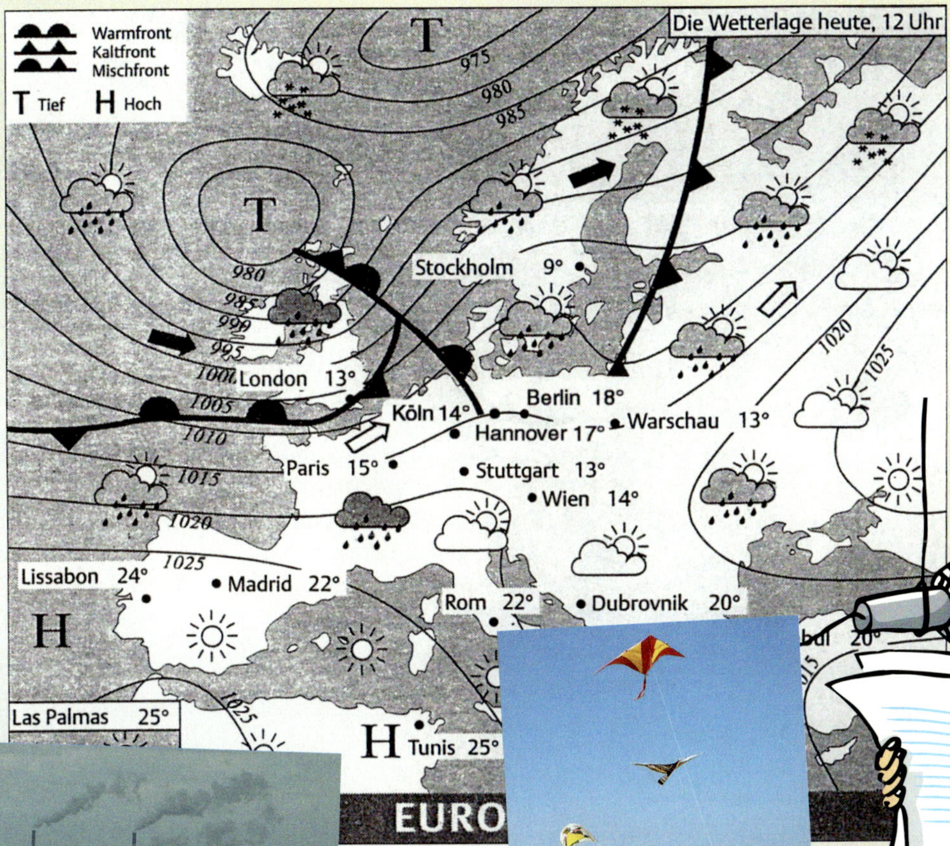

Luft ist nicht nichts

1 ► ***Luft kann man wiegen***

Bestimme die Masse (das „Gewicht") eines aufgepumpten Balles mit der Balkenwaage. Lass jetzt die Luft raus, wiege die leere Ballhülle. Wie schwer war die Luft?

2 ***Hindernis***

Du brauchst eine leere Flasche, einen kleinen Trichter, etwas Knete, einen Strohhalm, eine leere Flasche mit weitem Flaschenhals (Milchflasche).

So wird´s gemacht:

a) Stecke den Trichter in die Flasche und dichte ihn um den Flaschenhals herum mit der Knete luftdicht ab. Der Trichter sollte gerade stehen. Schütte dann möglichst in einem Schwung Wasser in den Trichter. Pass aber auf, dass nichts überläuft.

b) Jetzt kommt der Strohhalm ins Spiel. Halte ihn mit dem Daumen an einer Seite zu und stecke ihn von oben durch den Trichter in die Flasche. Lass ihn dabei aber nicht los. Was passiert, wenn du den Daumen kurz anhebst? Notiere deine Beobachtungen in deinem Heft.

3 ***Luftballon in der Flasche***

Nimm einen Luftballon und stecke ihn so in eine Milchflasche, dass der Nippel noch heraus schaut. Versuche jetzt den Luftballon in der Flasche aufzublasen, bis er die ganze Flasche ausfüllt.

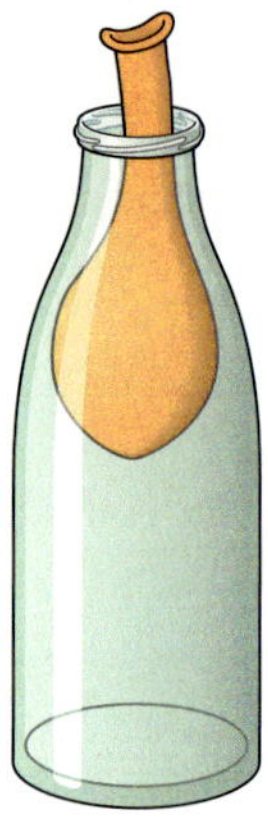

4 ***Luft drückt***

a) Mit einer Fahrradpumpe oder einem Kolbenprober lässt sich auch experimentieren. Halte mit dem Daumen die Öffnung zu und versuche, die Luftpumpe bzw. den Kolbenprober zusammen zu drücken. Warum geht das nicht besonders gut?

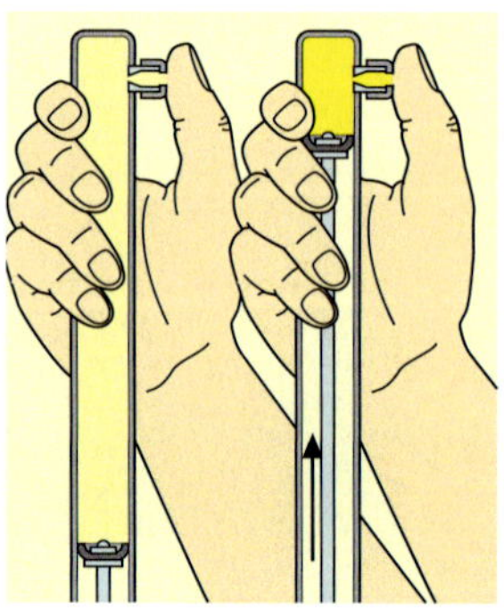

b) Zieh das Brettchen an der Schnur zuerst mit einem Ruck hoch, dann langsam. Was fällt schwerer, wo brauchst du mehr Kraft? Warum ist das so?

► Luft 99

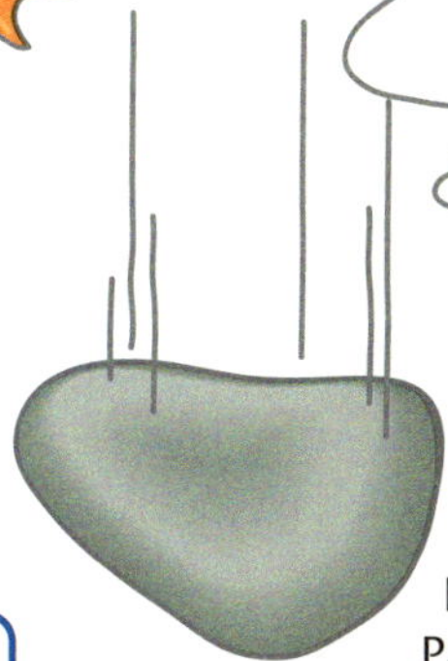

5 *Suche Flugkünstler*
Sammle Samen, Beeren und Früchte, bestimme die Pflanzen mithilfe eines Bestimmungsbuches. Teste, welche Samen bzw. Früchte fliegen können (► Flugsamen und Flugfrüchte)! Welche können das besonders gut?
Wie machen sie das? Wiege die Samen und sieh sie dir unter einem Binokular an.

6 *Was ist die Kunst?*

Behauptungen:

Alle Dinge fallen gleich schnell.

Gleich schwere Dinge fallen gleich schnell.

Schwere Sachen fallen schneller als leichte.

Leichte Dinge fallen schneller als schwere.

a) Nimm zwei Blätter DIN-A5-Papier. Das erste zerknüllst du zu einem festen Ball. Das zweite schneidest du wie auf der Abbildung beschrieben. Lass beide Objekte aus größerer Höhe zeitgleich fallen. Dein Partner oder deine Partnerin stoppt die „Flugzeit".
Gibt es Zeitunterschiede?

b) Baue selbst ein Fallschirmmodell.
Du brauchst:
1 Taschentuch,
2 Stück festes Nähgarn,
je ca. 80 cm lang, 1 Radiergummi als Fallschirmspringer (oder ein kleines Püppchen), Klebeband.
Baue ebenso ein Modell mit vierfach so großem Schirm (vier zusammengeklebte Papiertaschentücher). Lass ihn fliegen.
Welcher Schirm fliegt besser?

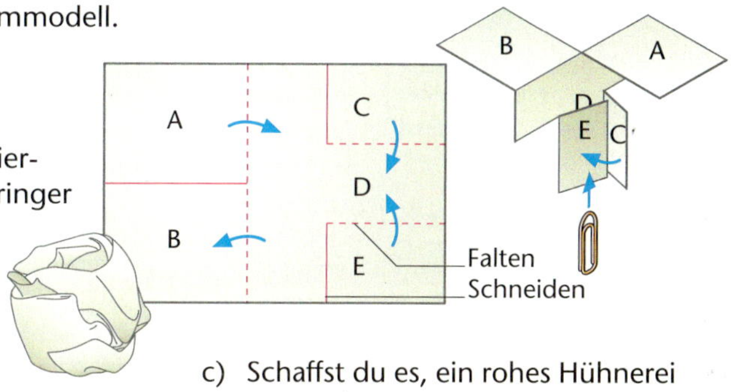

c) Schaffst du es, ein rohes Hühnerei so aus dem Fenster im 2. Stock des Schulhauses fliegen zu lassen, dass es heil im Schulhof ankommt?

7 *Start frei für den Superflieger!*
Bastelt verschiedene ► Papierflieger.
a) Startet eure Flieger in einem geschlossenen Raum.
b) Startet draußen und beachtet dabei die Windrichtung.

Im Windlabor

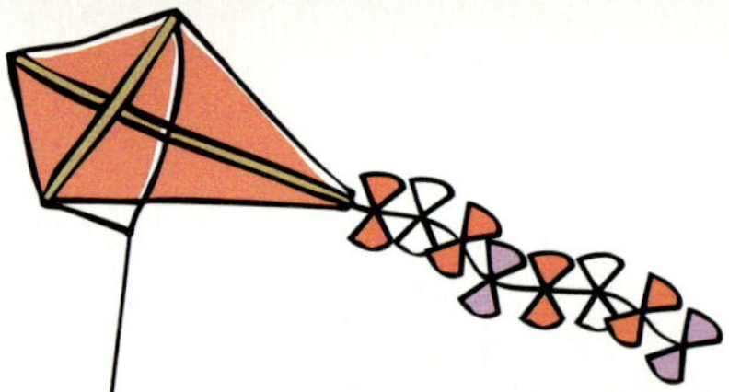

1 Mach nicht so viel Wind!
Bringe die Luft in Bewegung. Nutze die Gegenstände, die nebenstehend abgebildet sind.
Finde weitere Möglichkeiten.

2 Woher weht der Wind? Windspuren lesen!
Auf dieser und den Seiten 62 und 63 findest du Spuren des unsichtbaren Windes. Welche hast du entdeckt? Suche jetzt draußen in der Natur nach solchen Spuren in Bodenhöhe, Kopfhöhe, Baumhöhe, Schornsteinhöhe, Wolkenhöhe.

Mit Tricks kannst du den Wind sichtbar machen. Probiere einige aus.

Woher weht der Wind?
Nutze die Tricks, die gefundenen Windspuren und einen Kompass. Schätze die ▶ Windstärke mithilfe der Skala aus der Infothek, miss sie mit deinem ▶ Windmessgerät, vergleiche die Ergebnisse.

⚠ Meide Hochspannungsleitungen!

3 Wie viel Kraft hat der Wind?
a) Untersuchungen mit einem Flugdrachen
Baue einen ▶ Flugdrachen. Lass ihn fliegen. An der Drachenleine spürst du die Kraft des Windes.

Miss dein Körpergewicht auf einer Personenwaage. Bestimme danach erneut dein Gewicht, jetzt aber mit dem fliegenden Drachen in der Hand. Was stellst du fest?

b) Die Kraft der Herbststürme
Bei Herbststürmen fallen häufiger Bäume um als bei Winterstürmen. Finde heraus, woran das liegt: Sammle dazu Blätter von verschiedenen Baumarten. Lege jeweils ein Blatt unter ein Rechenblatt und pause es mit einem Bleistift vorsichtig durch. Zähle die Rechenkästchen, berechne die Fläche des untersuchten Blattes.

Nimm an, ein Ast hat 1000 Blätter. Vergleiche die Fläche all dieser Blätter mit der Fläche deines Drachens. Welche Kräfte muss ein solcher Ast wohl aushalten?

▶ Windstärke 121

▶ Windmesser 120 ▶ Flugdrachen 91

4 *In der Wetterküche* *Versuche mit Flaschen, Eiern und Mülltüten*

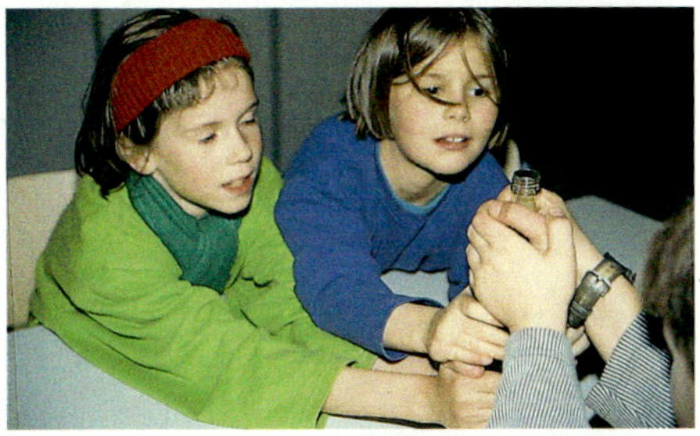

a) Flaschengeister
Materialien: Flasche, Münze
Durchführung: Feuchtet den Flaschenrand an, legt eine passende Münze darauf. Umfasst jetzt mit euren Händen die Flasche.
Beobachtung: Achtet auf das Geldstück.
Erklärung: Wie erklärt ihr eure Beobachtung? Wie haben sich die Teilchen der Luft verhalten?

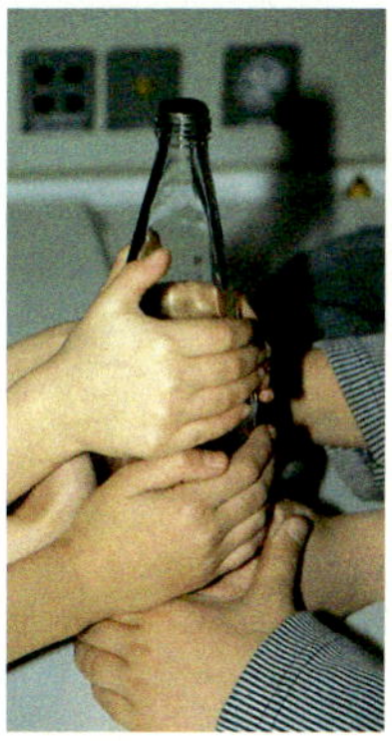

b) Eine Mülltüte steht Kopf
Materialien: Mülltüte, Heizplatte, 3 Stative.
Durchführung: Baut den Versuch wie im Bild auf. Schaltet die Heizplatte ein.
Beobachtung: Was geschieht mit der Mülltüte?
Erklärung: Wie verhalten sich die
▶ kleinsten Teilchen der
▶ Luft in der Tüte?

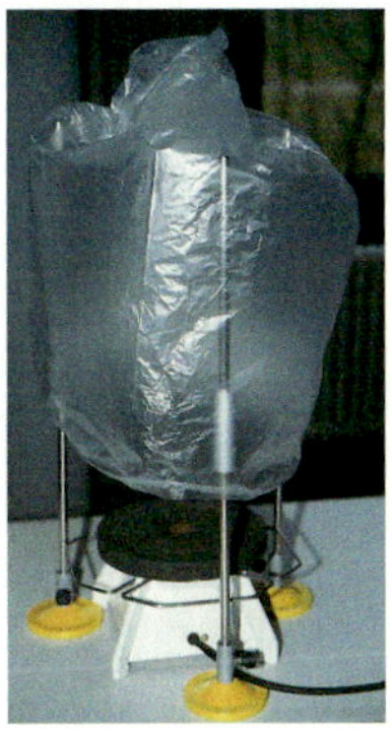

c) Ach, du dickes Ei!
Materialien: Erlenmeyerkolben, hart gekochtes Ei, Heizplatte.
Wie kommt das hart gekochte Ei in die Flasche?
Wie bekommt man es wieder heil heraus? Das Glas darf dabei nicht zerstört werden! Wer hat eine Idee?

Wie können die ▶ kleinsten Teilchen der Luft dabei helfen?

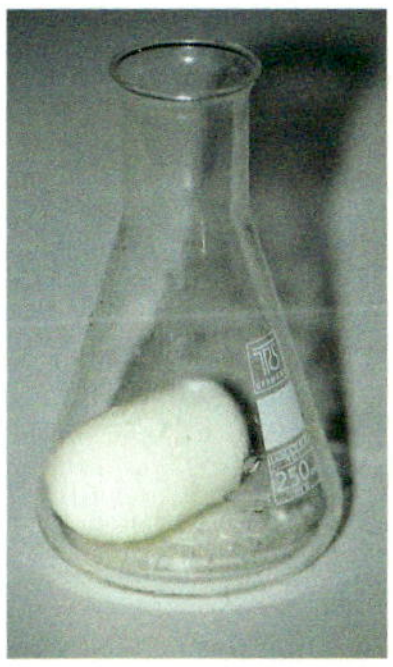

5 *„Wind" im Aquarium: Luft kommt in Bewegung*

Du brauchst:
Ein Aquarium (oder ein großes Gurkenglas o. Ä.), Räucherstäbchen, Styropor, Filz- oder Folienstifte, eine Europakarte (Atlas), Zeichenpapier und Malstifte.
Zünde das Räucherstäbchen an. Die Glut soll sich in der Mitte des Aquariums befinden.

a) Beobachte den Rauch von allen Seiten, auch von oben.
Markiere alle Bewegungen der Luft mit Wind-Richtungspfeilen auf den Scheiben des Aquariums.
Wo überall ist ▶ Wind entstanden?

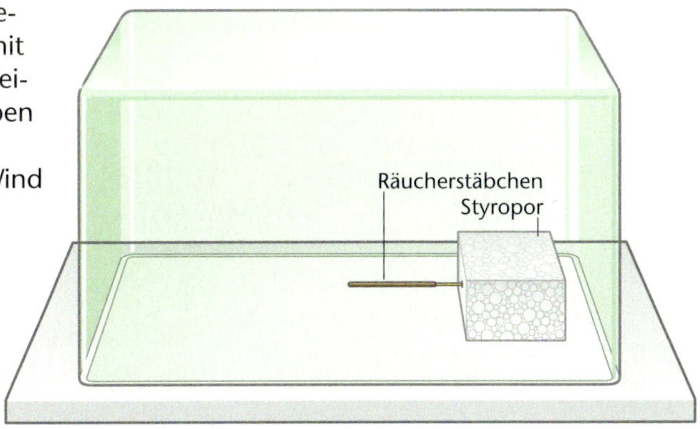

b) Stülpe das Aquarium über eine Europakarte, wiederhole den Versuch. Stell dir vor, die Luft im Aquarium ist jetzt der Luftraum (▶ Atmosphäre) über Europa.
Sieh dir die Windpfeile an. In welchem Land steigt die Luft auf, wo sinkt sie ab?
Wo gibt es Höhen-, wo Bodenwind?

c) Sieh dir Europa von oben durch das Aquarium an. Vergleiche deine Windpfeile mit dem ▶ Satellitenbild auf der ersten Herbstseite.
Was ist ähnlich, was sieht anders aus?
Gibt es Hoch- und Tiefdruckgebiete (▶ Luftdruck)?

d) Male jetzt wie auf den ersten Herbstseiten ein schmales Boden-Landschaftsbild. Lass den Himmel und die Wolken noch frei. Befestige das Bild auf der Rückseite des Aquariums unten.
Wie ist das Wetter über deiner Landschaft?
Male das Bild zu Ende.

Überlege, welche Bedeutung der Wind für unser Leben hat bzw. hatte. Denke auch an den Freizeitbereich. Erstelle ein ▶ Netz.

▶ kleinste Teilchen 94 ▶ Luft 99 ▶ Satellitenbilder 110

▶ Wind 120 ▶ Atmosphäre 87 ▶ Luftdruck 100 ▶ Netz 105

Winter – Zeit der

Ruhe?

Warmfront
Kaltfront
Mischfront
T Tief
H Hoch
Die Wetterlage heute, 12 Uhr
1005
1015
1025
1015
1005
Stockholm 0°
London 4°
Hamburg 1°
Berlin 2°
Warschau 0°
Paris 4°
Stuttgart 1°
Wien 4°
Madrid 9°
Lissabon 12°
Rom 9°
Dubrovnik 13°
Istanbul 16°
Athen 19°
mas 20°
T
H
°C

So eine Kälte

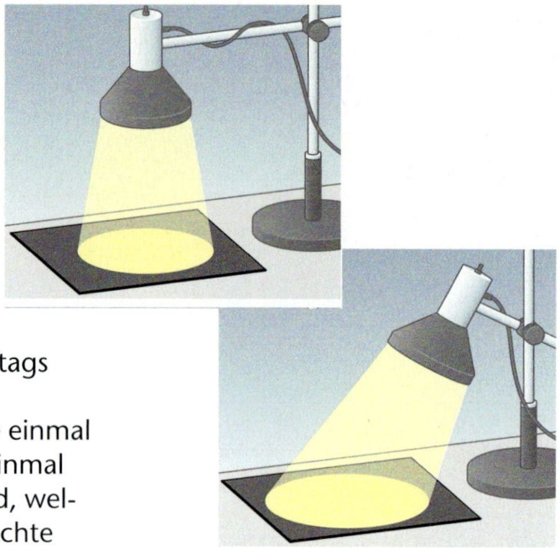

1 Wintersonne

a) Vergleiche zunächst die ▶ Tages- und Nachtlänge im Sommer und im Winter.
b) Überlege, zu welcher ▶ Jahreszeit die Sonne mittags höher am Himmel steht.
c) Beleuchte schwarze Pappe einmal senkrecht von oben und einmal schräg. Fühle mit der Hand, welche Pappe wärmer wird. Achte auch darauf, wie groß die von der Lampe beschienene Fläche ist. Welcher der Versuche zeigt dir, wie im Winter die ▶ Sonne scheint?
d) Siehst du, warum es kälter ist, obwohl es immmer die gleiche „Sonne“ ist?
e) Wenn du die Sonnenuhr von Seite 58 (siehe Thema Sommer) schon gebaut hast, könntest du dir hier nochmal überlegen, warum dein Schatten im Winter und im Sommer nicht gleich aussieht!

2 Schätz mal!

a) An einem verschneiten Wintertag gehst du in das Schulgelände und schätzt die Temperaturen an verschiedenen Stellen.
Bringe an jedem gewählten Ort ein kleines Papierfähnchen an und nummeriere die Punkte.
Suche windgeschützte und ungeschützte Stellen, sonnige und schattige.
Notiere deine Ergebnisse und ordne sie. Wo war es am kältesten und wo am wärmsten?
b) Miss die Temperaturen an deinen markierten Orten mit einem Thermometer nach. Vergleiche mit deinen Schätzwerten. Überlege, falls du dich verschätzt hast, woran das liegen könnte. Beachte hierzu auch „Fühl mal!“.

3 Fühl mal!

a) Fülle in je ein Gefäß heißes, lauwarmes und kaltes Wasser. Halte eine Hand etwa eine Minute in das heiße Wasser, die andere in das kalte. Nun tauchst du beide Hände in das lauwarme Wasser. Was stellst du fest?
b) Wiederhole das Eintauchen deiner Hände in das kalte und heiße Wasser (mindestens 2 Minuten) Vergleiche die Hautfarbe der rechten und der linken Hand.

Wie hat dein Körper an den Händen auf Kälte und Hitze reagiert? Rote Färbung bedeutet viel Blut in der ▶ Haut.
c) Was verändert sich, wenn du im Winter durchgefroren von draußen ins Warme kommst,an deiner Nase, deinen Ohren, Händen und Füßen?
d) Welche Gefahr droht dir an diesen Körperteilen, wenn du zu lange draußen bleibst?

▶ Tageslänge 117 ▶ Jahreszeiten 94

▶ Sonne 112 ▶ Haut 93

Hilft Schnee gegen Wärmeverlust?

1 *Die Erforschung beginnt mit dem Fahrrad*

Fühlen sich alle Teile des Fahrrads gleich kalt an?
Welches Material ist ein guter Wärmeleiter und fühlt sich deshalb kälter an (▶ Wärmeleitung)?

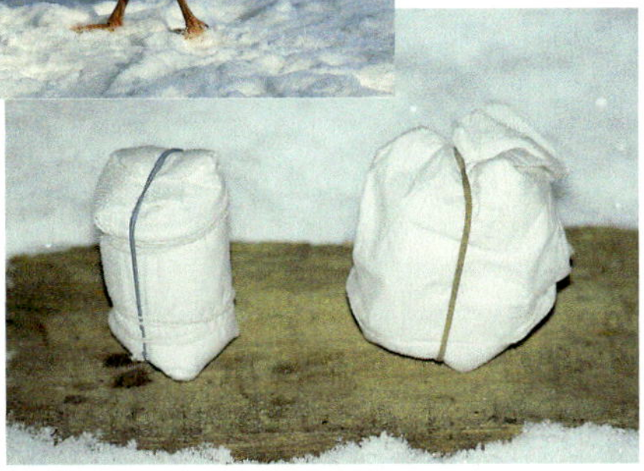

2 *Verpackte Filmdöschen und Gänsehaut*

a) Fülle heißes Wasser in zwei Filmdöschen. Das eine wickelst du ganz fest in ein Papiertuch. Für das andere zerteilst du ein Papiertuch in seine einzelnen Lagen und hüllst das Filmdöschen locker darin ein. Stelle beide Döschen nach draußen. Welches wird nach einer halben Stunde stärker abgekühlt sein? Überprüfe deine Vermutung.

b) Warum plustert sich das Rotkehlchen bei Kälte auf?
c) Auch „Felltiere“ plustern sich auf. Wenn du dir vorstellst, dass unsere Vorfahren am ganzen Körper Haare hatten, kannst du dir vielleicht erklären, wie unsere Gänsehaut damit zusammenhängt.

3 *Ist der Igel ein Eskimo?*

a) Fülle einen Messzylinder (oder ein Babyfläschchen) mit 200 ml Schnee und notiere das Gewicht. Lass den Schnee auftauen. Wenn alles aufgetaut ist, lies ab, wie viel Milliliter Wasser du jetzt hast. Wiege erneut. Hat sich das Gewicht verändert? Wie viel Milliliter Luft waren in den 200 ml Schnee enthalten?
b) Warum ist Schnee ein guter Schutz vor Kälte für Pflanzen und Tiere?

4 *Pizzabox und Skihandschuh*

a) Luft ist ein schlechter Wärmeleiter (▶ Wärmeleitung), wenn sie sich nicht bewegt. Wie wird diese Eigenschaft der Luft genutzt?

b) Was haben eigentlich deine Skihandschuhe damit zu tun? Falls du ein paar alte zur Hand hast, kannst du sie ja mal genauer ansehen, und falls sie wirklich unbrauchbar sind auch mal aufschneiden.

▶ Wärmeleitung 118

Eis – Nutzen und Gefahr

1 *Wenn Wasser gefriert*

Materialien: Gefrierdose, Gefrierschrank, Wasser.

Durchführung:

a) Fülle eine Gefrierdose randvoll mit Wasser. Setze den Deckel vorsichtig auf und transportiere die Dose in das Gefrierfach.

b) Löse das Eis aus der Dose, verpacke es in ein Tuch und zerklopfe es mit dem Hammer. Gib ein Stück Eis in ein schmales, hohes Glasgefäß, in dem sich Wasser befindet. Markiere nun mit einem Filzstift den Wasserstand im Glas. Lass das Eisstück tauen.

Beobachtung:

Zu (a) Was geschieht mit der Gefrierdose?

Zu (b) Zeichne in der Seitenansicht genau auf, wie das Eisstück im Wasser schwimmt. Vergleiche den Wasserstand nachdem das Eisstück getaut ist.

Warum soll man Getränke in einer Flasche nicht im Gefrierfach kühlen?

2 *Gewöhnliches Wasser – und doch was Besonderes*

Materialien: kleines Fläschchen, Wasserkocher, Topflappen, Glas (groß und hoch) ,Lebensmittelfarbe oder Tinte, Thermometer, gefärbte Eiswürfel, Thermosflasche (500 ml)

Durchführung:

a) Fülle in das kleine Fläschchen ca. 60 °C heißes Wasser (Topflappen verwenden), färbe es mit Lebensmittelfarbe oder Tinte an und verschließe das Fläschchen. Tauche nun das verschlossene Fläschchen in einem großen, hohen Glas in kaltem Wasser unter und entferne den Verschluss.

b) Nimm ein Thermometer und vergleiche die Wassertemperaturen ganz oben und ganz unten im großen Glas.

c) Fülle neues Leitungswasser in das hohe Glas. Gib gefärbte Eiswürfel dazu.

d) Fülle kaltes Leitungswasser in die Thermosflasche. Gib eine dicke Schicht Eiswürfel dazu. Warte ca. 15 min. Tauche die Spitze des Thermometers einmal in die Wasseroberfläche zwischen die Eiswürfel und dann vorsichtig bis zum Boden ein, warte jeweils ca. 1 Minute bevor du die Temperatur abliest.

Beobachtung: Notiere jeweils deine Beobachtugen. Zu (b) und (d): Zeichne den Versuchsaufbau und notiere die gemessenen Temperaturen in der Zeichnung.

Erklärung: Vergleiche deine Zeichnungen aus (b) und (d). Was fällt dir auf?

3 *Wassertemperaturen des Sees*

Zeichne die Abbildung eines Sees im Sommer und im Winter in dein Heft. Ordne den Schichten folgende Temperaturen bzw. Temperaturzonen zu: 0 °C, 18 – 20 °C, 4 °C, 6 – 10 °C, 2 – 3 °C, 4 °C

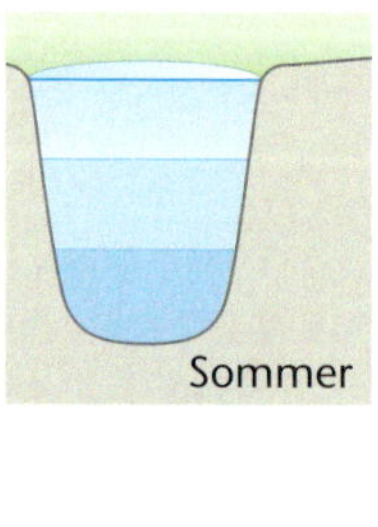

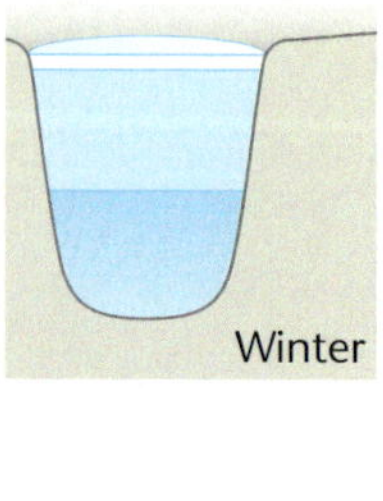

Was macht der Fisch im Winter (► Überwinterung)?

► Überwinterung 117

4 *Rutschen erwünscht!*

Auf einer glatten Eisschicht kann man gut schlittern. Mit Schlittschuhen kommt man auf dem Eis aber viel schneller voran.
Auf Asphalt, Beton, Holz usw. geht das nicht. Warum nur auf Eis?
Du kannst das erforschen.
Materialien: Tisch, Eiswürfel, Wasser.
Durchführung: Lege dir auf dem Tisch eine Rutschbahn für Eiswürfel an: Lass die Eiswürfel über den trockenen, danach über den nassen Tisch rutschen.
Beobachtung: Was geht besser?
Erkläre jetzt das Problem:
Zwischen den Kufen der Schlittschuhe und dem Eis muss ein „Gleitmittel" sein.
Was ist es?
Das Gleitmittel wird durch die ► Kufen beim Schlittschuhlaufen von selbst erzeugt. Kannst du ergründen wodurch? Die Schlittschuhbahn hat nicht nur Rillen bevor sie von der Maschine wieder gerichtet wird!

5 *Rutschen unerwünscht!*

Im Straßenverkehr hat man mit dem Gleiten und Rutschen oft große Probleme. Was kann man gegen Eisglätte tun? Was kann Salz, was Sand nicht kann? Sollte man Sand oder Salz gegen Glatteis streuen?
Materialien: Tisch, Wasser, Eiswürfel, Salz, Sand, Becherglas, Löffel, Thermometer, Reagenzglas.
Durchführung:

a) Teste auf der Eiswürfelbahn (s. Aufg. 4) Salz und Sand.
b) Gib in ein Becherglas zerstoßenes Eis. Miss die Temperatur. Füge nun 3 Löffel Salz dazu, rühre gut um und miss wieder die Temperatur. Teste jetzt auf gleiche Weise den Sand.
c) Stelle ein Reagenzglas, das 2 cm hoch mit Wasser gefüllt ist, in die Salz-Eis-Mischung. Miss alle zwei Minuten die Temperatur im Reagenzglas.

Beobachtung:
Zu (a): Was hilft besser gegen das Rutschen, Sand oder Salz?
Zu (b): Was stellst du fest?
Zu (c): Wie kalt wird das Wasser?
Kannst du nun die zu Beginn gestellten Fragen beantworten?

6 *Der Fadentrick*

Lass einen Eiswürfel in ein mit Wasser gefülltes Glas gleiten. Gelingt es dir, mithilfe von Salz und einem Nähfaden den Eiswürfel herauszuholen, ohne ihn mit der Hand zu berühren?

7 Für Tiere und Pflanzen ist ► Streusalz schädlich. Warum hat der Hund Erfrierungen an den Pfoten? Bäume an häufig mit Salz gestreuten Straßen haben im Sommer Schäden an den Blättern. Erkläre.

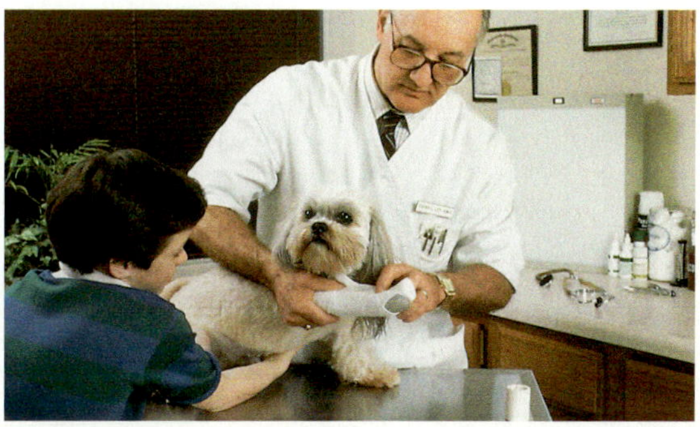

Feuergeschichten

Kombiniere zwei Bilder und erfinde eine Geschichte dazu.

Der Würfel bestimmt die Auswahl der beiden Bilder.

Feuergeschichten

Feuer und Flamme

Du möchtest bei diesem Thema wohl am liebsten ein Feuerwerk abbrennen lassen oder? Das brauchst du nicht, denn

Die Kerze stellt dir ganz schön heiße Fragen:

1. Ist eine Kerzenflamme überall gleich heiß?
2. Ist es möglich die Flamme einer ▶ Kerze zu transportieren?
3. Kann sie „Flammenkinder" kriegen?
4. Kann eine Kerze ferngezündet werden?
5. Welche Materialien eignen sich als Docht?
6. Wie kannst du aus einer Mandarine ein Kerzenschiff bauen?

Mach dich an die Forschungsarbeiten!

1 *Kerzenflammentemperatur*

Halte ein Magnesiastäbchen in verschiedene Höhenzonen der Kerzenflamme.
Zeichne die Flamme und das Stäbchen mit deinen Beobachtungen.
Beantworte Frage (1).

2 *Flammentransportversuch*

Versuche, eine Flamme von einer Kerze abzuschneiden und zu einem anderen Ort zu bringen.
Schaffst du das?

3 *Eine Frage des Dochtes*

Ersetze den Docht eines Teelichts durch einen Baumwollfaden, einen wachsgetränkten Baumwollfaden, ein Stück Streichholz, ein abgebranntes Streichholz. Welche Materialien eignen sich als Docht und welche nicht?
Betrachte die „Dochte" auch mit einer Lupe.

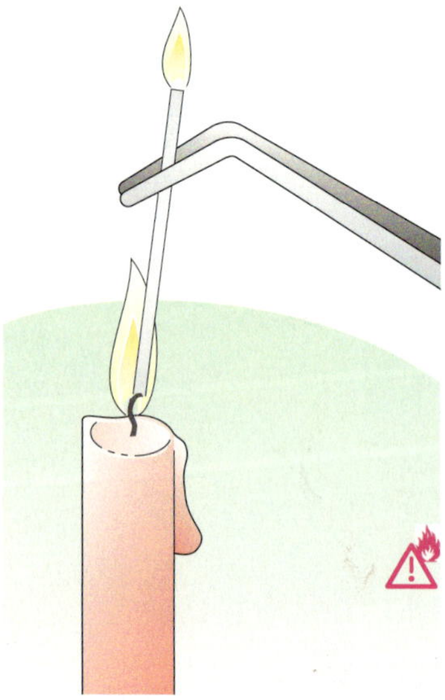

4 *Flammenkinder*

Du brauchst eine Kerze, einen Kerzenhalter, Zündhölzer, Glasröhrchen und eine Tiegelzange.

Entzünde eine Kerze. Halte mit einer Tiegelzange ein Glasröhrchen mit einer Öffnung in den innersten Bereich der Kerzenflamme. Bringe eine Zündholzflamme an das offene Ende des Glasröhrchens.

▶ Kerze 94

5 Die Fernzündung

Lasse deine Kerze 2 Minuten brennen. Lösche sie. Beobachte. Halte ein brennendes Streichholz 2 cm neben oder über den Docht.
Was geschieht? Finde eine Erklärung.

6 Die Kerze auf der Waage

Stelle eine brennende Kerze auf eine empfindliche Waage. Was beobachtest du?

7 Eine Kerze brennt nicht ewig

Setze brennende Kerzen in verschieden große Schraubgläser und drehe die Deckel fest zu. Beschreibe die Veränderungen der Flamme genau. Wie kannst du deine Beobachtungen erklären (▶ Luft)?

8 Mandarinenkerze

Du brauchst: Salatöl, Mandarine, Messer, Schale mit Wasser.

a) Schneide deine Mandarine wie auf der Abbildung dargestellt auf.
b) Entferne aus beiden Hälften vorsichtig das Fruchtfleisch. Lass dabei den weißen „Strunk" in der Mitte unbeschädigt stehen.
c) Fülle etwas Salatöl ein.
Mit ein wenig Geduld kannst du deine Mandarinenkerze entzünden und in einer mit Wasser gefüllten Schale schwimmen lassen.

Vergleiche Mandarinenkerze und Kerze. Wo findest du bei der Mandarinenkerze den Docht, welcher Stoff entspricht dem „Kerzenwachs" (▶ Brennstoff)?

Forscher müssen auch denken, nicht nur experimentieren!
Überdenke nochmals was du schon gesehen hast.
Bei einer brennenden Kerze denkt sich's gut!

a) Was kann Wachs was Holz nicht kann? Du siehst es bei der Kerze.
b) Als Docht eignen sich nur Materialien, die saugfähig sind. Was steigt im Docht hoch?
c) Was dann oben brennen kann ist eine neue Frage. Vergleiche zur Beantwortung dieser Frage einige ▶ Stoffeigenschaften von Kerzenwachs mit denen von Holz. Benutze die Begriffe: Fest, flüssig, gasförmig, schmelzen, sieden (▶ Aggregatzustände) und löse das Problem.
d) Kennst du andere brennbare Gase? Wie machen wir uns die Brennbarkeit von Gasen zu Nutze?

▶ Luft 94 ▶ Stoffeigenschaft 115

▶ Aggregatzustände 86 ▶ Brennstoff 88

Allein im Wald

1 *Das ▶ Lagerfeuer*

Du hast dich verlaufen und es ist schon spät am Abend. Erst morgen früh wirst du den Weg nach Hause suchen können.
Es wird schon kühl - ein Feuer wäre jetzt nicht schlecht.

Aber wie?
Holz liegt genug herum.
Außerdem hast du noch vier Streichhölzer in deinen Rucksack gefunden und ein Stück Zeitungspapier.
Uff . . . das könnte funktionieren – wenn du weißt, wie ein Lagerfeuer geschichtet wird.
Denke einmal scharf nach.

2 *Ein warmer Tee wäre jetzt nicht schlecht*

Wenn du in deinem Rucksack noch eine leere Getränkedose, eine stabile Schere, ein Teelicht von der letzten Party, etwas Wasser und einen Teebeutel findest, könnte es etwas werden mit dem heißen Tee.

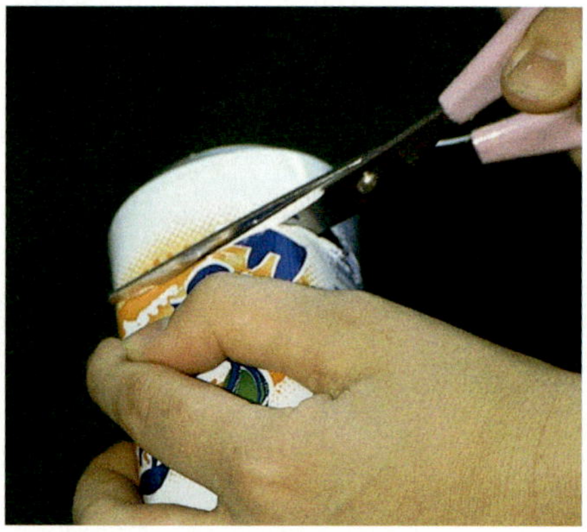

Jetzt musst du dir nur noch einen Kocher bauen:

a) Schneide ca. 5 cm vom unteren Rand der Dose den Dosenboden gleichmäßig ab.
b) Stelle nun das Teelicht unter die aufgeschnittene Dose, oben drauf den abgeschnittenen Boden, der mit deinem Wasser gefüllt ist.
c) Funktioniert dein Kocher so? Wenn nicht, solltest du dir überlegen woran das liegen könnte und was du abändern musst. Vergleiche deinen Kocher mit einem richtigen ▶ Ofen. Vielleicht hilft dir dieser Vergleich bei deinen Überlegungen.

Wenn dein Wasser kocht, hast du es geschafft!
Bewahre deinen ▶ Dosenbrenner für andere Notfälle auf!

Fasse zusammen, welche Gemeinsamkeiten das Lagerfeuer, der Ofen und der Dosenbrenner haben.

▶ Lagerfeuer 98 ▶ Ofen 105

▶ Dosenbrenner 89

Wieder zu Hause

Du bist wieder zu Hause, über das Lagerfeuer möchtest du jedoch noch mehr wissen.

3 ***Warum muss das Holz für ein Lagerfeuer in besonderer Weise geschichtet werden?***

a) Halte einen Holzstab in eine Flamme. Miss die Zeit, bis er brennt. Schäle mit einem Anspitzer dünne Schichten ab. Halte sie ebenfalls in die Flamme. Erkläre die Unterschiede beim Anbrennen.

b) Erkläre, welche Rolle der ► Zerteilungsgrad des Brennmaterials beim Feuermachen spielt und welche Bedeutung der Schichtung eines Lagerfeuers zukommt.

4 ***Alles Asche***

Die ► Asche hast du achtlos bei deiner Feuerstelle im Wald zurückgelassen. Was ist das eigentlich – Asche?

a) Wiege je 10 g trockenes Heu, Stroh, Papier und das Holz von Zündhölzern. Verbrenne die Proben, bis nur noch ► Asche übrig bleibt. Wie viel Gramm bleiben jeweils zurück? Schaue dir die Asche unter einem Binokular an.

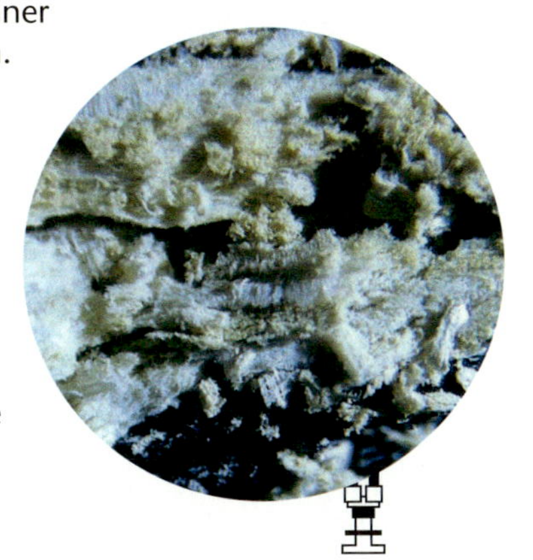

b) Zerkleinere Asche in einem Mörser. Gib sie danach in ein Becherglas. Fülle mit etwas heißem Wasser auf und rühre mehrere Minuten um. Filtriere die Mischung. Gib ein bis zwei Tropfen des Filtrats auf einen Objektträger. Beobachte während des Erkaltens unter dem Binokular. Was entsteht?

5 ***Zwischen Feuer und Asche – der Mikadostab***

Du brauchst: Kerze, Kerzenhalter, Streichhölzer, Holzstäbchen.

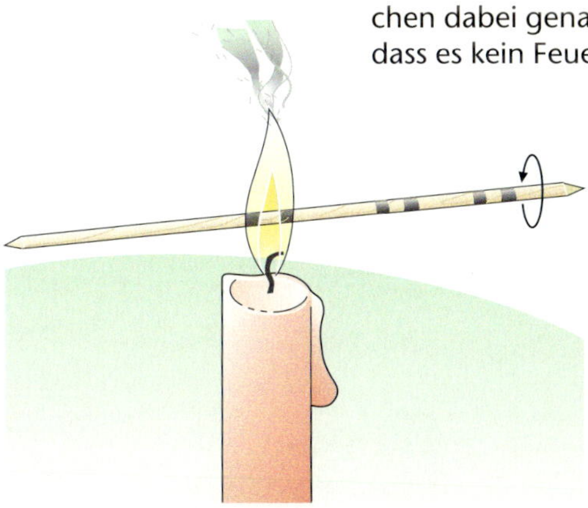

a) Entzünde deine Kerze.

b) Halte ein Holzstäbchen zwischen deinen Händen und führe es von hinten nach vorne durch die Kerzenflamme. Beobachte das Stäbchen dabei genau. Achte darauf, dass es kein Feuer fängt.

c) Finde einen Begriff, um den Vorgang, der am Holz in der Hitze der Flamme geschehen ist zu benennen. Das Holz ist oder wurde . . .
Kennst du von zu Hause ein Produkt, das genauso aussieht? Wozu wird es benutzt?

d) Wiederhole den Vorgang mehrmals an verschiedenen Stellen des Stäbchens, in verschiedenen Höhenzonen der Kerzenflamme.

e) Klebe am Ende deine Mikadostäbchen in dein Heft.

f) Nimm ein kleines Stückchen Holzkohle und halte es mit einer Pinzette in die Kerzenflamme. Was siehst du (► Glut)?

► Zerteilungsgrad 123

► Asche 86 ► Glut 93

Von Brücken, Eier

und Spiralen

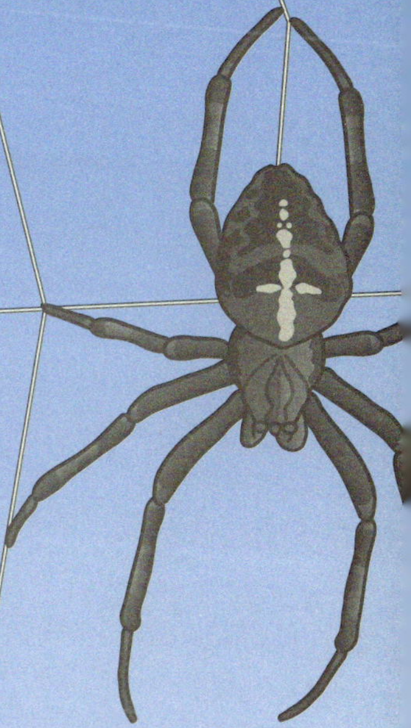

Welche Brücke kann am meisten tragen?

Du brauchst: Papier; Schere; Klebstoff; verschiedene Gegenstände; als Brückenpfeiler: zwei Bücher (Buchrückenbreite mind. 4 cm), zwei Gläser, Klötze o. Ä.

a) Lege ein Viertel eines Papierblattes z. B. über zwei Klötze. Teste, welche Gegenstände, (Büroklammer, Radiergummi, Bleistift, . . .) du auf deine Brücke legen kannst ohne dass sie bricht.

b) Knicke das Papierstück an den Längsseiten nach oben oder nach unten. Was kann deine Brücke nun aushalten?

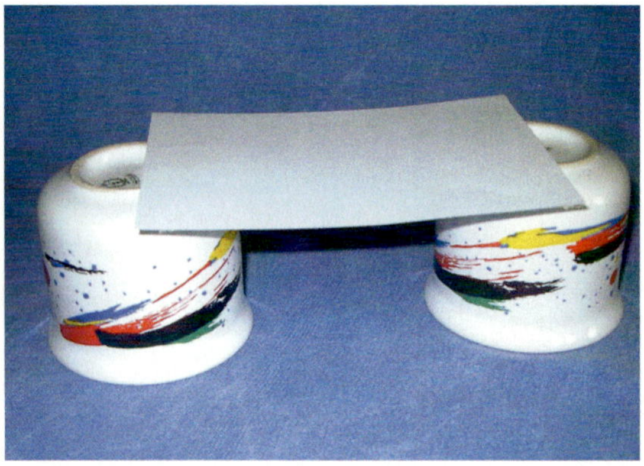

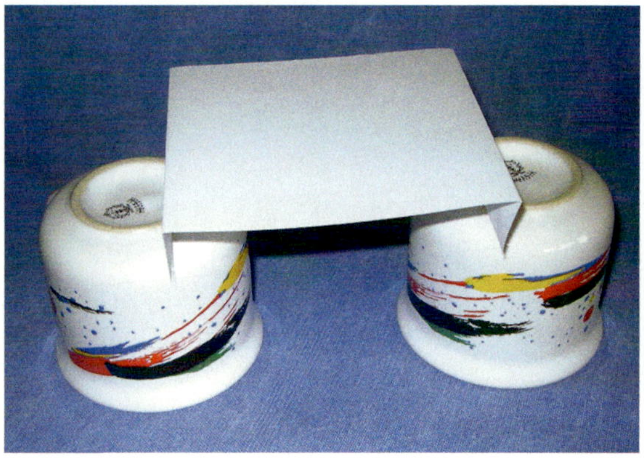

Vergleiche alle Brückenkonstruktionen miteinander. Welche ist am stabilsten?

Halbiere ein Blatt Papier der Länge nach.

c) Falte das Papier wie bei einer Ziehharmonika. Lege diese wieder über die beiden Klötze.

d) Untersuche die Tragfähigkeit mit wenigen hohen oder vielen niedrigen Falten.

e) Klebe über und unter die Ziehharmonika jeweils ein Blatt Papier. Es gibt nun verschiedene Möglichkeiten diese Brückenkonstruktion über die beiden Klötze zu legen. Probiere aus, welche Anordnung am belastbarsten ist. Zeichne diese Anordnung in dein Heft.

f) In deiner Umgebung findest du oft ► Falt- bzw. Wellenprofile wie bei deiner „Ziehharmonikabrücke“. Kannst du Beispiele nennen?

► Falt- oder Wellenprofile 90

Ach du dickes Ei!

1 Nimm ein Ei an seinen Spitzen zwischen Daumen und Zeigefinger. Stelle eine „Auffangschale" unter deine Hand mit dem Ei.
Schaffst du es, das Ei zu zerdrücken?

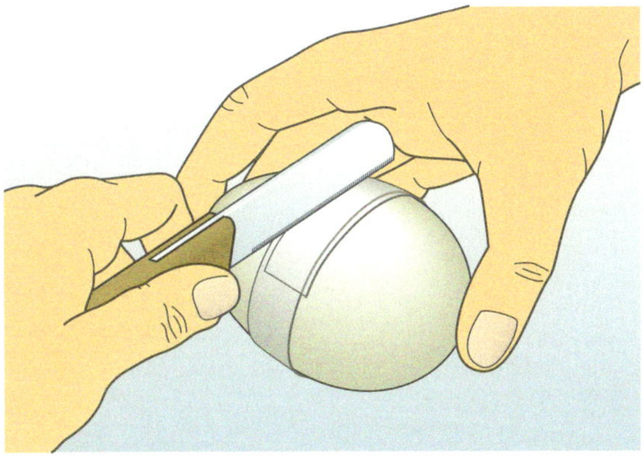

2 Blase zwei Eier aus. Bohre dazu zuvor in beide „Spitzen" jedes Eis ein Loch, beispielsweise mit einer Nähnadel, und puste Eiweiß und Eidotter aus dem Ei. Umwickle nun die beiden Eier in der Mitte mit einem Klebeband.

Schneide die beiden Eier dort, wo sich das Klebeband befindet, mit einem scharfen Messer auseinander. Die vier Eierschalenhälften legst du mit der Wölbung nach oben auf eine glatte Fläche.

a) Teste die Tragfähigkeit der acht Eierschalenhälften mit verschiedenen Gegenständen. Schreibe auf welche davon die Schale trägt (und welche nicht).
b) Falls die Eierschalenhälften noch heil sind, kannst du versuchen ganz vorsichtig aufzutreten. Tragen dich die Eierschalen?

3 Die ▶ „Ei- bzw. Eierschalenform" scheint besonders stabil zu sein. Kennst du Gebäude oder sonstige Objekte, die die oben genannte bzw. eine davon abgeleitete Form aufweisen?

▶ Ei- bzw. Eierschalenform 89

Spiralen überall

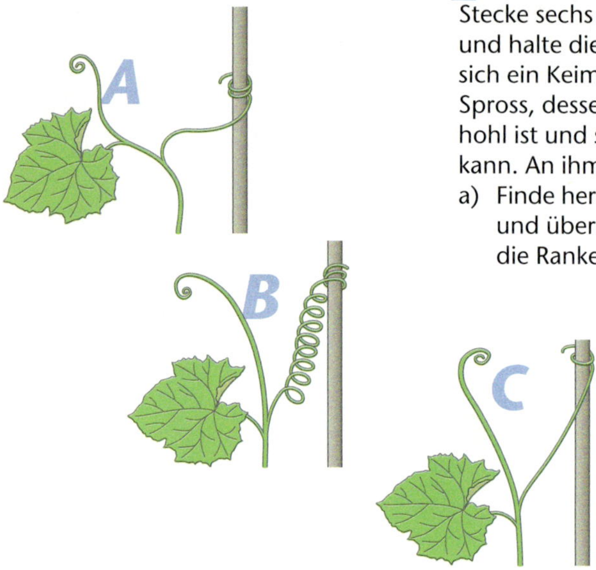

1 *Wie klettert die Kürbispflanze?*

Stecke sechs Kürbiskerne in die Erde und halte diese feucht. Es entwickelt sich ein Keimling und daraus ein Spross, dessen 5-kantiger Stängel hohl ist und sich nicht aufrichten kann. An ihm findest du Ranken.

a) Finde heraus wie die Ranke wächst und überlege, welche Bedeutung die Ranke für diese Pflanze hat.

b) Dokumentiere deine täglichen Beobachtungen und deine Überlegungen.

c) Auf der Abbildung sind drei Stadien der „Rankenentwicklung" abgebildet. Die Reihenfolge stimmt jedoch nicht. Gib die nach deinen Beobachtungen richtige Reihenfolge an!

Tipps:

– Stecke neben einer jungen Ranke einen Stock in die Erde und beobachte 3 Tage lang, was passiert.
– Wenn du einige Stunden Zeit hast, dann schneide ein Stück Stängel mit einer geraden Ranke ab und stelle es in ein Glas Wasser. Hänge etwas Leichtes über die Rankenspitze und beobachte, was passiert.

2 ▶ *Spiralen in der Natur*

a) Schau dich einmal in der Natur um – findest du weitere Spiralen? Wähle ein Beispiel aus und fertige eine Zeichnung an.

b) Schreibe einen ▶ Steckbrief zu deinem ausgewählten Tier bzw. deiner ausgewählten Pflanze. Hierbei solltest auf jeden Fall die Punkte: Bezeichnung, Fundort und Funddatum nicht vergessen.

3 *Spiralen im Alltag*

a) Wo begegnen dir Spiralen? Erläutere ihre Bedeutung.

b) Erkundige dich bei einem Kfz-Mechaniker wo es im bzw. am Auto Spiralen gibt. Frage nach, was die Spiralen bewirken sollen. Notiere deine Ergebnisse im Heft.

Gestaltet zusammen ein Plakat oder einen Schaukasten zum Thema "Spiralen".

4 *Bastle* ▶ *Spiralen*

Als Material stehen dir zur Verfügung: Kabelstücke, dicker und dünner Draht, Bindfaden, Tau, Knetgummi, Alufolie, Plastik- und Papierstreifen.

a) Kannst du aus allen Materialien eine Spirale formen?

b) Worin unterscheidet sich die Kugelschreiberfeder von der Knetgummispirale?

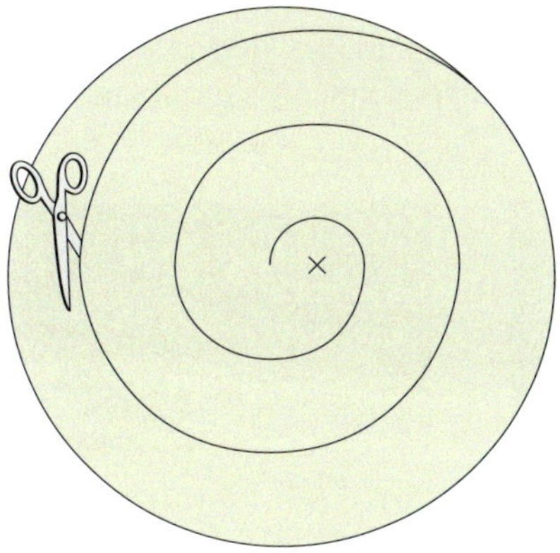

c) Schneide aus einem farbigen Tonpapierstück einen Kreis aus (Durchmesser ca. 7 cm). Zeichne frei Hand eine Spirale auf und schneide dann den aufgezeichneten Linien entlang. Ziehe ein Ende hoch und vergleiche das entstehende Objekt mit der Kugelschreiberfeder.
Nach der Untersuchung könnt ihr zusammen ein Mobile basteln. Beispielsweise kann jeder sein Tonpapierobjekt mit Bindfaden an einem Ast der Korkenzieherweide befestigen.

5 *Zeichne ebene* ▶ *Spiralen*

Nun sollst du eine gleichmäßige Spirale zeichnen. Welche Hilfsmittel erscheinen dir geeignet? Probier es mit verschiedenen Methoden aus. Miss doch zuvor einmal an einer „fertigen" Spirale nach!

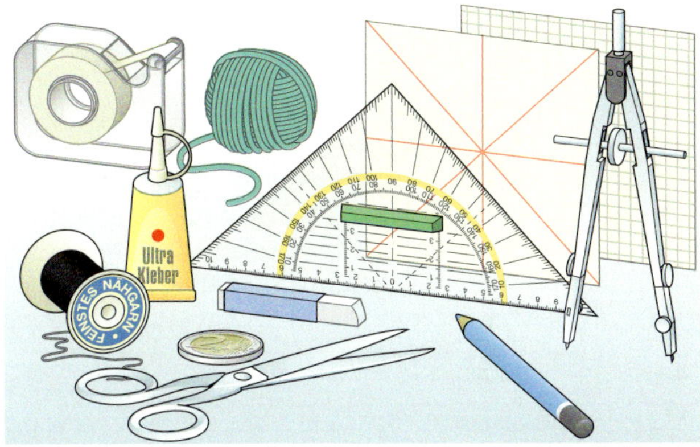

6 *Ionische Säulen – eine Teamarbeit*

In antiken Tempeln findest du ionische Säulen. Sie enden in Spiralen. Die Abbildung unten zeigt dir, wie Steinmetze der Antike bei der Entwurfszeichnung vorgegangen sein könnten. Könnt ihr das auch?

Ihr braucht dazu eine dünne Pappe, Büroklammern, Klebeband, Kreppband, eine Schnur (keine Kunstfaser), Kreide oder Stift und Packpapier.

Tipp:

Fertigt aus der Pappe einen Kegel an (ihr könnt stattdessen auch eine „Friedhofsvase" oder verschiedene Flaschen verwenden). Gegen Abrutschen der Schnur beklebt ihr den Kegel mit drei Streifen Kreppband von der Kegelspitze zum Kegelrand.

▶ Spiralen 114

▶ Aggregatzustände S. 54, 77

Fest, flüssig und gasförmig sind die Zustandsformen, die so genannten Aggregatzustände eines Stoffes.

Eis, Wasser und Wasserdampf sind die drei unterschiedlichen Zustandsformen des Stoffes Wasser.

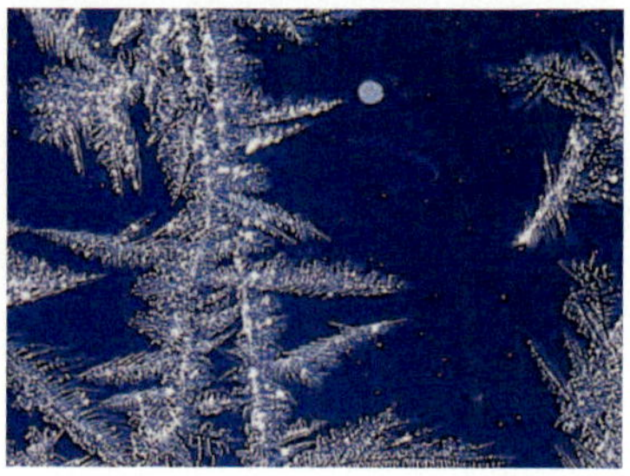

An einer brennenden Kerze kannst du das Kerzenwachs in zwei verschiedenen Zustandsformen sehen – flüssig und fest. Das gasförmige Wachs kannst du nicht sehen. Es befindet sich am Docht und verbrennt dort.
Die Aggregatzustände können sich ändern. Das siehst du, wenn du eine neue Kerze anzündest: Die heiße Streichholzflamme bringt das Wachs am Docht zunächst zum Schmelzen und danach zum Sieden. Das entstandene Gas lässt sich entflammen.

Eine bildliche Vorstellung, die das Verstehen der Übergänge zwischen den Aggregatzuständen verbessert, liefern uns die drei Abbildungen in den Kreisen.
Die kleinste Teilchen werden beweglicher, wenn man Wärme zuführt. Teilchen die sich stark bewegen, brauchen normalerweise mehr Platz, als Teilchen, die sich weniger bewegen. An der Oberfläche werden Teilchen hinausgeschleudert. Wird die für den jeweiligen Stoff „passende Wärmemenge" zugeführt, so schmilzt der Feststoff, bzw. siedet die Flüssigkeit.

Beim ***Verdunsten*** gehen Flüssigkeiten (z. B. Wasser) allmählich in den gasförmigen Zustand über ohne dass der Flüssigkeit die passende Wärmemenge zugeführt wurde.
Beispiel: Nasse Wäsche wird nach einer bestimmten Zeit wieder trocken.

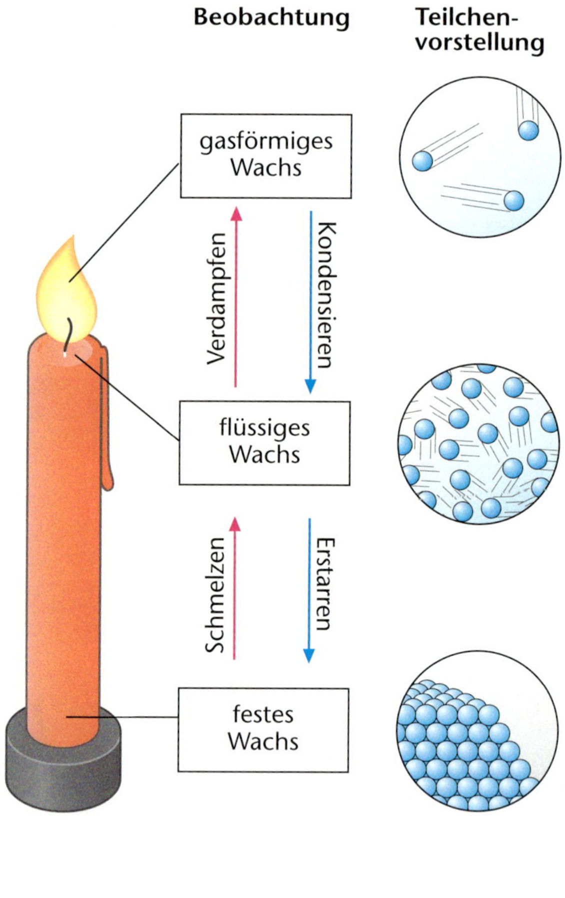

▶ Asche S. 79

Bei der Verbrennung von Stoffen, wie z. B. Papier, Holz und Kohle bleibt Asche übrig. Sie beinhaltet auch kohlenstofffreie Rückstände, die wertvollen Mineralstoffe. Lässt man eine gefilterte Aschelösung unter dem Binokular eintrocknen, erkennt man die kristalline Struktur der Mineralien.
Asche ist ein gutes Düngemittel. Deshalb war es früher durchaus üblich nach der Ernte die Felder abzubrennen.

▶ *Atmosphäre S. 67*

Zwischen Erdoberfläche und Weltraum liegt die Atmosphäre, die Schutzhülle der Erde. Sie besteht vor allem aus Luft, enthält aber auch Wasser und kleine Staubteilchen. An der Erdoberfläche ist das Gewicht der Luft am größten und damit auch der Luftdruck.
Bis in eine Höhe von etwa 10 km reicht die „Wetterschicht" der Erde. Hier bewegt sich die Luft ständig, Wolken und Niederschlag entstehen hier. Nur gewaltige tropische Gewitter und Wirbelstürme erreichen noch größere Höhen.

Erde aus dem Weltraum

▶ *Binokular S. 17, 20, 21, 31, 32, 38*

Das Binokular ermöglicht euch Einblicke in viele unbekannte Bereiche der Natur und der Technik. Die untersuchten Gegenstände erscheinen in einem räumlichen Bild. Achtet auf eine gute Ausleuchtung des Objektes.

▶ Bodenlebewesen S. 20

Im Waldboden findest du zum Beispiel auf einem Quadratmeter in der oberen Schicht (30 cm) sehr viele verschiedene Bodenlebewesen: Etwa 100 Regenwürmer, 50 Schnecken, 50 Spinnen und 100 000 Milben, 50 Asseln, 300 Vielfüßer (Erdläufer, Steinläufer, Schnurfüßer), 50 000 Springschwänze und viele Millionen von mikroskopisch kleinen Lebewesen.

▶ Brennstoff S. 77

Holz, „Kerzenwachs“, Heizöl, Benzin und viele andere mehr bezeichnet man als Brennstoffe. Zu Ihrer Verbrennung ist Sauerstoff notwendig. Während des Verbrennungsvorgangs wird chemische Energie in thermische Energie (Wärme) umgewandelt.

▶ Diagramm S. 59, 61

Wetterprotokoll Freitag, 21. Juni

Uhrzeit	7.00	8.00	9.00	10.00	11.00	12.00	13.00	14.00	15.00	16.00	17.00	18.00
Lufttemperatur in °C	14	15	18	22	24	26	25	28	28	27,5	27	25

Diagramme sind Bilder zur Darstellung von Zahlenwerten. Vor allem bei einer größeren Anzahl von Messwerten ist es leichter, den Überblick zu behalten und Gesetzmäßigkeiten zu erkennen. Ein Beispiel: Angenommen, du hast einen ganzen Tag lang jede Stunde die Außentemperatur gemessen und in einer Tabelle protokolliert.
Dann könnte ein Bild so aussehen:

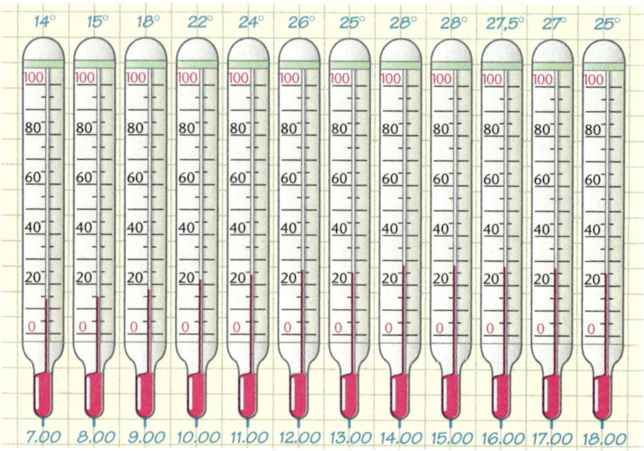

Eigentlich würde es ja schon reichen, nur die Höhe der roten Linien zu wissen. Auch die Temperaturskala ist immer gleich. Es reicht, sie nur einmal hinzuschreiben.
Ein solches Bild nennt man übrigens Säulendiagramm.

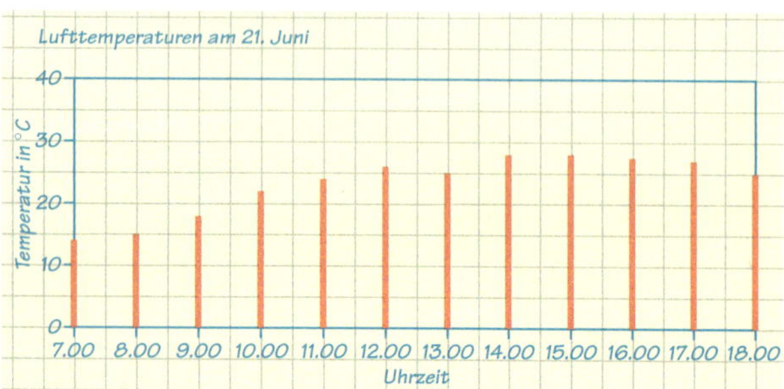

Wenn man nur die Endpunkte der roten Linien zeichnet, erhält man ein Diagramm, wie es Naturwissenschaftler meistens verwenden.
Vielleicht möchtest du wissen, wie warm es um 11.30 Uhr war. Verbinde die Temperaturwerte mit einer möglichst glatten Linie. Findest du die gesuchte Temperatur? Da du die Temperatur um 11.30 Uhr nicht selbst gemessen hast, sondern mithilfe des Diagramms ermittelst, spricht man von einer „Näherung“.

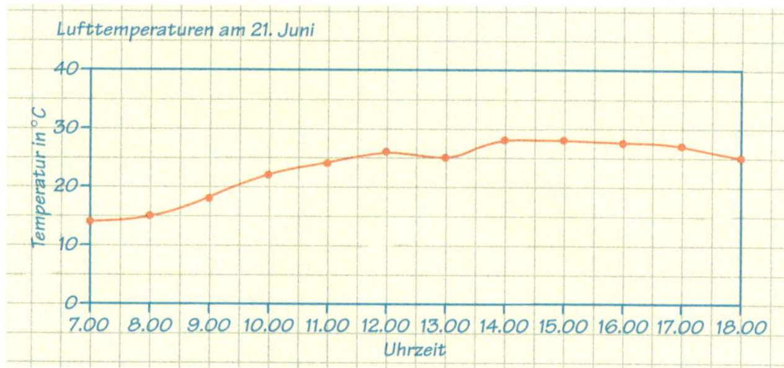

Oft ist es sinnvoll, zwei verschiedene Messkurven zu vergleichen. Du kannst in dein Diagramm leicht weitere Messwerte einfügen. So kannst du sehen, ob Zusammenhänge bestehen. Wenn du in das Diagramm auch Zeichen für die Bewölkung einträgst, kannst du Temperaturschwankungen der Luft besser erklären.

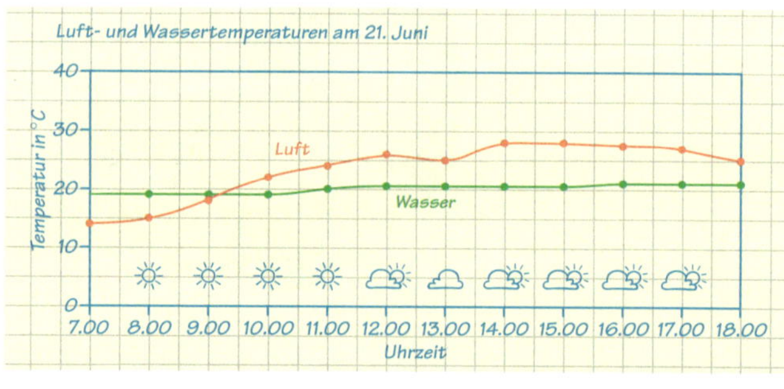

▶ Diffusion S. 86

Die sich bewegenden kleinsten Teilchen breiten sich gleichmäßig im ganzen zur Verfügung stehenden Raum aus. Diese selbstständige Ausbreitung nennt man Diffusion. Wie schnell das geht, hängt vom Aggregatzustand des Stoffes ab. Weil Gasteilchen sehr schnell sind, durchmischen sich die Teilchen des Parfüms rasch mit denen der Luft.

▶ Dosenbrenner S. 31, 39, 42, 43, 78

Du brauchst:
- eine leere und gereinigte Getränkedose
- eine alte Schere
- mehrere Teelichter.

Die Dose wird in der Mitte durchgeschnitten (Vorsicht scharfe Kanten!!!). Der untere Teil, die Standfläche, sollte eine Mindesthöhe von ca. 5 cm haben. Damit das Teelicht brennen kann, benötigt es den Sauerstoff aus der Luft. Vier oder fünf V-förmige Einschnitte in die Dose lösen das Problem. Die Stoffproben kannst du direkt in die Mulde der Getränkedose oder in die Hülle eines Teelichtes geben, die du dann dort hineinstellst.

▶ Düfte S. 10

Die Parfumteilchen können zu unserer Nase gelangen, weil die kleinsten Teilchen der Luft und des Parfums eine Eigenbewegung ausführen: Durch Aneinanderstoßen der Teilchen werden die kleinsten Teilchen des Parfums zu unserer Nase „weitergeschubst" (Diffusion).

▶ Ei- bzw. Eierschalenform S. 83

Als Beispiele für Gebilde oder Gegenstände mit Ei- bzw. Eierschalenform und Ableitungen dieser Form sind zu nennen: Atomreaktor, Damm bei Stauseen, Iglu, Igluzelt, Reichstagskuppel in Berlin, Brücken, Tunnel, Kuppelbauten (z. B. Dom in Florenz).

▶ Energie S. 53

Ohne Energie kann man nicht arbeiten und keine Kräfte ausüben. Man spricht von verschiedenen Energieformen (siehe Tabelle). Energie kann weder erzeugt noch verbraucht werden, die einzelnen Energieformen können jedoch ineinander umgewandelt werden. Beispiel: Du knipst das Licht in deinem Zimmer an. Nun wird elektrische Energie in Licht- und Wärmeenergie umgewandelt.

Energieform	***Beispiel***
Lageenergie	Der Stein auf einem Tisch kann dir auf den Fuß fallen!
Bewegungsenergie	fliegender Ball
elektrische Energie	In einem Dynamo wird Bewegungsenergie umgewandelt.
Lichtenergie	Sonnenstrahlung
chemische Energie	Nährwert des Traubenzuckers
thermische Energie (Wärme)	Wärmestrahlung einer Keramikherdplatte

▶ *Falt- oder Wellenprofile S. 82*

Das Falt- oder Wellenprofil sorgt für eine große Belast- und Tragfähigkeit.
Als Beispiele mit Falt- oder Wellenprofil sind Wellpappe, Wellblech oder gewellte Kunststoffdächer zu nennen.
Sogar in der Natur findet man das besagte Profil. Die Blätter der Washingtonia-Palmen bekommen dadurch eine große Stabilität bei geringem Materialaufwand.
Die Indianer nutzten die Blätter der Palme zur Abdeckung ihrer Häuser. Selbst ein Falz genügt, um die Stabilität enorm zu erhöhen: als Verstärkung bei Kunststoffbehältern, bei Spielzeug, bei Gartenstühlen usw.

▶ *Farbspektrum S. 60*

Weißes Licht ist in Wirklichkeit eine Mischung aus Licht verschiedener Farben. Durch ein Prisma oder durch die feinen Linien auf einer CD wird Licht in seine Farben zerlegt, man erhält ein Spektrum. Die Farben haben immer die gleiche Reihenfolge, von rot über orange, gelb, grün, blau zu einem kräftigen violett.
Bei einem Regenbogen wird Sonnenlicht in diese Spektralfarben zerlegt.

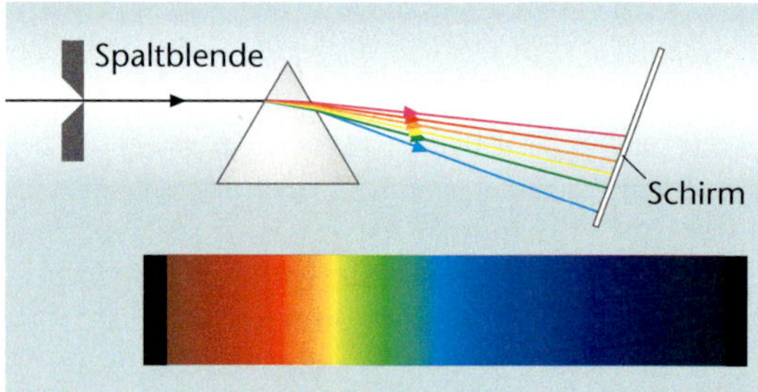

▶ *Fischsterben S. 48*

Saurer Regen, der durch Luftverschmutzung entsteht, kann zu einer Absenkung des pH-Werts in Gewässern führen. Wenn er unter 4,5 fällt, dann ist eine große Anzahl von Fischarten nicht mehr lebensfähig. Von solch einer Übersäuerung sind besonders die empfindlichen Jungtiere betroffen.
Aber auch eine zu starke Erhöhung des pH-Wertes vertragen Fische nicht. Abwässer und Dünger aus der Landwirtschaft können zu einer massiven Algenentwicklung führen. Die Lebensprozesse der Algen erhöhen den pH-Wert. Viele Fischarten sterben, wenn er über 9,8 steigt. Durch Folgeprozesse kann aus dem See eine trübe, stinkende Brühe werden.
Gute Teiche haben einen pH-Wert von 7,5 bis 8,5. In Flüssen und Bächen liegt er zwischen 7,0 und 7,8.

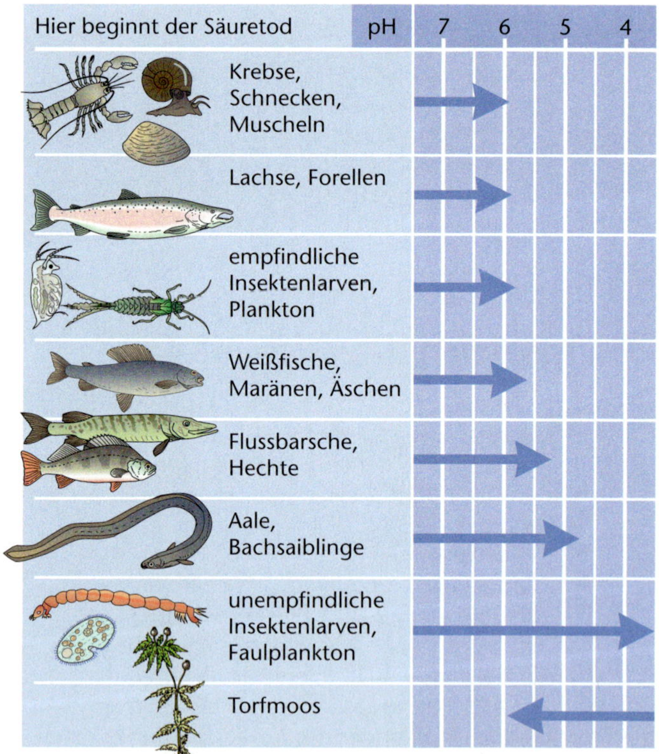

Auswirkung saurer Gewässer auf Wasserlebewesen

Algenblüte

▶ Flugdrachen S. 66

Für die Untersuchung von Wind eignen sich besonders die leichten Schlittendrachen (Sleds), die auch bei wenig Wind prima fliegen und einfach zu bauen sind.

Du brauchst:

- wasserfeste Folienstifte zum Bemalen
- einen 90-Liter-Müllsack oder eine entsprechende Plastikfolie
- 2 Holzdübel-Rundstäbe, 78 cm lang und 5 mm im Durchmesser
- Klebeband ca. 4 – 5 cm breit
- Streichhölzer
- Ring einer Getränkedose
- Drachenleine (z. B. Maurerschnur)

So geht es:

1. Mülltüte oder Folie mit einer Schablone zuschneiden und bemalen
2. Rundstäbe mit Klebeband auf die Folie aufkleben
3. Schnur für die Waage an den Enden der Folie mithilfe der Streichhölzer befestigen
4. Waagenschnur (je Schenkel 1 m bis 1,5 m) abmessen, mit dem Ring verbinden. Drachenleine anknoten, starten

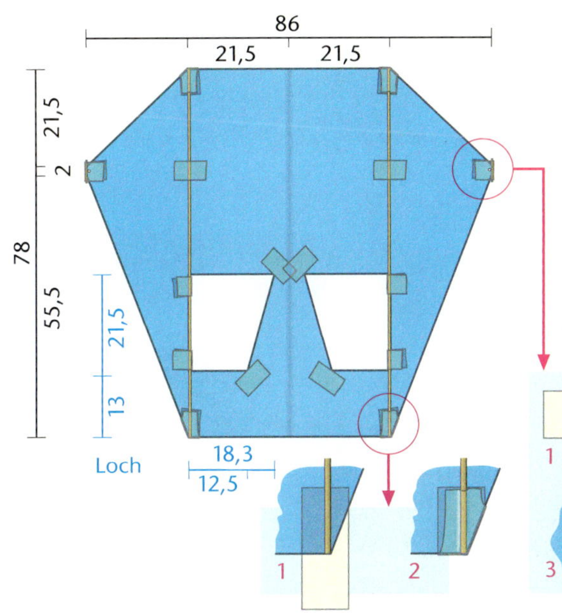

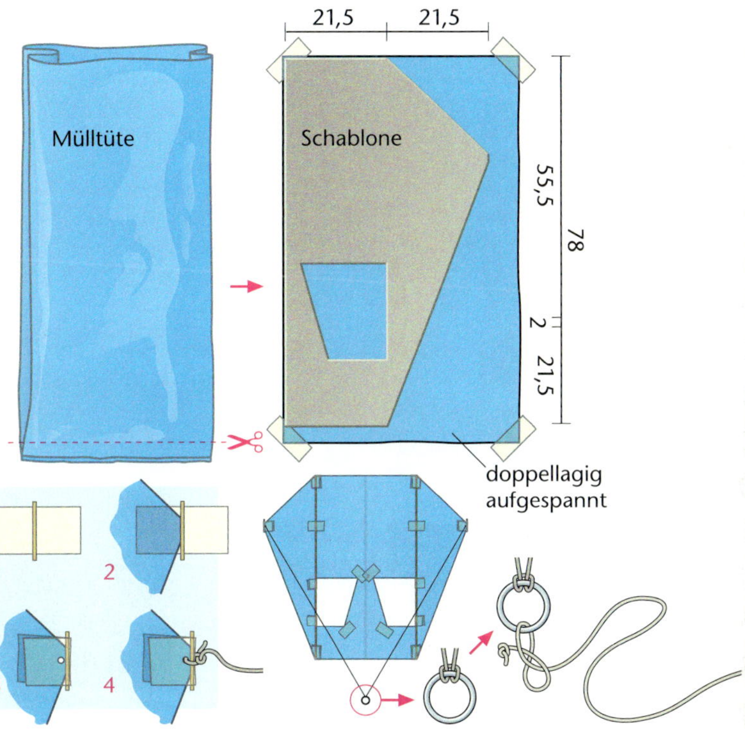

▶ Flugsamen und Flugfrüchte S. 65

In Früchten findet man Samen, aus denen neue Pflanzen heranwachsen. Viele solcher „Pflanzenkinder" werden erst im Herbst reif. Sie müssen deshalb an einen Ort gelangen, wo gute Keimungs- und Wachstumsbedingungen herrschen. Dazu nutzen die Früchte und Samen verschiedene Transportmöglichkeiten, z. B. Wasser (Kokosnuss), Tiere und Menschen (Beeren, Nüsse und Kletten) und den Wind. Flugsamen trägt der Wind überall hin. Viele Stellen sind zum Keimen ungeeignet z. B. Straßen, Dächer, Seen, Flüsse. Diesen Nachteil machen die Pflanzen dadurch wett, dass sie Flugsamen und -früchte in großen Mengen herstellen.

Die sind entweder sehr klein und leicht (z. B. Orchideensamen) oder haben besondere Flugeinrichtungen.

Körnchenflieger	**Fallschirmflieger**	**Propellerflieger**	**Segelflieger**
z. B. Orchideen, Mohn	z. B. Löwenzahn, Weide, Pappel, Kratzdistel, Bocksbart	z. B. Ahorn, Esche, Linde, Hainbuche, Fichte, Kiefer, Lärche 	z. B. Birke, Erle, Ulme 

▶ Gefahrstoffe S. 31, 47

Gefährliche Stoffe müssen mit einem Gefahrensymbol versehen werden.

Symbol	Gefahrenbezeichnung	Kennbuchstabe	Gefährlichkeitsmerkmale
	Sehr giftig	T^{+}	Dieser Stoff verursacht äußerst schwere Gesundheitsschäden, schon weniger als 25 mg pro kg Körpergewicht können bei Einnahme zum Tod führen.
	Giftig	T	Der Stoff kann erhebliche Gesundheitsschäden verursachen, 25 bis 200 mg pro kg Körpergewicht können zum Tod führen.
	Krebs erzeugend		Dieser Stoff kann bei Lebewesen die Entwicklung von Krebs auslösen.
	Erbgut verändernd		Dieser Stoff kann das Erbgut von Lebewesen schädigen.
	Reproduktionstoxisch		Dieser Stoff kann die Fortpflanzung von Lebewesen beeinträchtigen.
	Gesundheitsschädlich	Xn	Dieser Stoff ist gesundheitsschädlich. 200 bis 2000 mg pro kg Körpergewicht können tödlich sein.
	Reizend	Xi	Dieser Stoff hat Reizwirkung auf Haut und Schleimhäute, er kann Entzündungen auslösen.
	Ätzend	C	Der Stoff kann lebendes Gewebe zerstören.
	Explosionsgefährlich	E	Dieser Stoff kann unter bestimmten Bedingungen explodieren.
	Brandfördernd	O	Dieser Stoff ist brandfördernd, er reagiert mit brennbaren Stoffen.
	Hoch entzündlich	F^{+}	Dieser Stoff ist selbst entzündlich, er kann bereits bei Temperaturen unter 0 °C entflammen.
	Leicht entzündlich	F	Dieser Stoff ist leicht entzündlich, er kann bei Temperaturen unter 21 °C entflammen. Oder: Dieser Stoff bildet explosionsfähige Gemische mit Luft. Oder: Dieser Stoff bildet, mit Wasser zusammengebracht, brennbare Gase.
	Umweltgefährlich	N	Dieser Stoff kann längerfristig schädliche Wirkungen auf die Umwelt haben. Er ist schädlich in Gewässern, Boden oder Luft und (sehr) giftig für Organismen.

▶ Gemisch S. 22, 38

aus festen Bestandteilen, z. B. Früchteteemischung

aus flüssigen und gasförmigen Bestandteilen, z. B. Wasser und Kohlenstoffdioxid (Tafelwasser)

aus festen und flüssigen Bestandteilen, z. B. Kakaopulver und Milch

Gemisch

aus gasförmigen Bestandteilen, z. B. Sauerstoff, Stickstoff, verschiedene Edelgase und Kohlenstoffdioxid (Luft)

aus flüssigen Bestandteilen, z. B. Essigessenz und Wasser

▶ Glut S. 79

Ein Holzkohlestück glüht, es brennt nicht mit offener Flamme. Damit sich Flammen bei der Verbrennung bilden können, muss ein fester Stoff in einen gasförmigen Zustand übergehen, wie z. B. bei der Kerze. Verdampft ein Stoff nicht, obwohl die Entzündungstemperatur erreicht ist, dann verglüht er. Es kommt nicht zu einer Flammenbildung. An der Farbe der Glut kann man in etwa die Glühtemperaturen erkennen.

Holzkohle

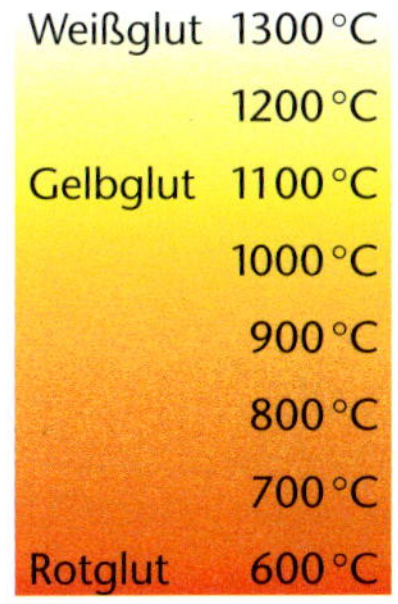

Glühtemperaturen

▶ Haut S. 70

Eine Aufgabe des Bluts ist der Wärmetransport in unserem Körper. Steigt die Lufttemperatur über ca. 29 °C, wie die Temperatur des heißen Wassers , wird die Haut vermehrt durchblutet. Ziel ist es, überschüssige Wärme an der Körperoberfläche an die Außenluft abzugeben. Bei Kälte darf möglichst wenig Wärme nach außen verloren gehen, deshalb wird das warme Blut aus der Haut abgezogen, ins Körperinnere. Die Haut sieht dann sehr hell oder bläulich aus. Das Temperaturempfinden an der Hautoberfläche, z. B. den Händen, ist stark davon abhängig, in welcher der beschriebenen Situationen sich der Körper gerade befindet. Die Temperaturmessung ist nur relativ, die Temperatur wird also vergleichend gemessen.

▶ Hohlspiegel S. 59

Ein Hohlspiegel reflektiert das parallel einfallende Licht der Sonne so, dass es durch einen Punkt, den Brennpunkt, läuft. Welche Temperatur im Brennpunkt erreicht wird, hängt vom Spiegeldurchmesser ab und davon, wie gut Licht und Wärme gebündelt werden.
Mit einem „Sonnenkocher" kann so viel Energie gebündelt werden, dass man eine Mahlzeit kochen kann.

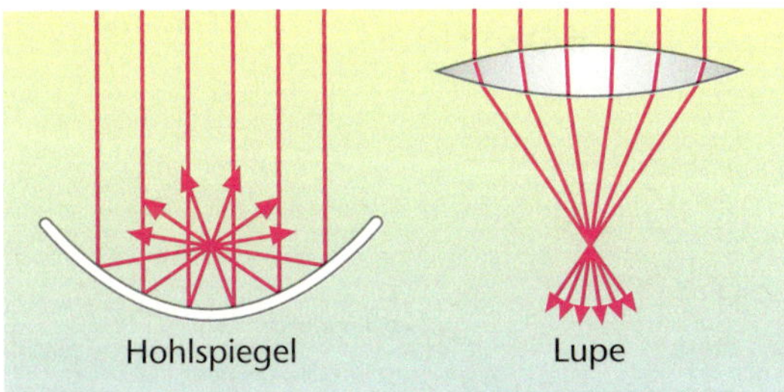

▶ Humus S. 21

Die Bodenlebewesen zerkleinern Pflanzen und nutzen die enthaltenen Nährstoffe zum Leben. Was sie übrig lassen, ist für Pflanzen wieder guter Boden.

▶ Indikatoren S. 46

Indikatoren (von lateinisch indicare = anzeigen) sind Nachweisstoffe. Sie enthalten Farbstoffe, die sich beim Zusammentreffen mit sauren oder alkalischen Lösungen verändern.
Blaukraut (oder Rotkohl) enthält mehrere Farbstoffe, die als Indikatoren wirken. Deshalb zeigt er uns sowohl saure als auch alkalische Lösungen an. Je mehr verschiedene Farbstoffe ein Indikator enthält, desto feinere Abstufungen des sauren bzw. alkalischen Charakters einer Lösung kann er sichtbar machen.

▶ *Jahreszeiten* S. 58, 70

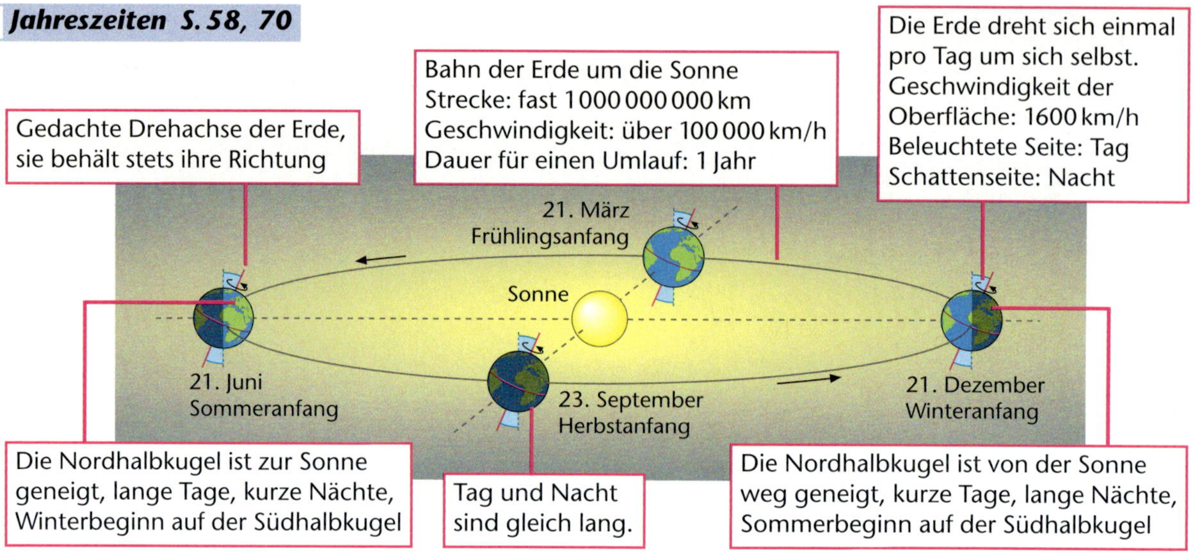

▶ *Kerze* S. 76

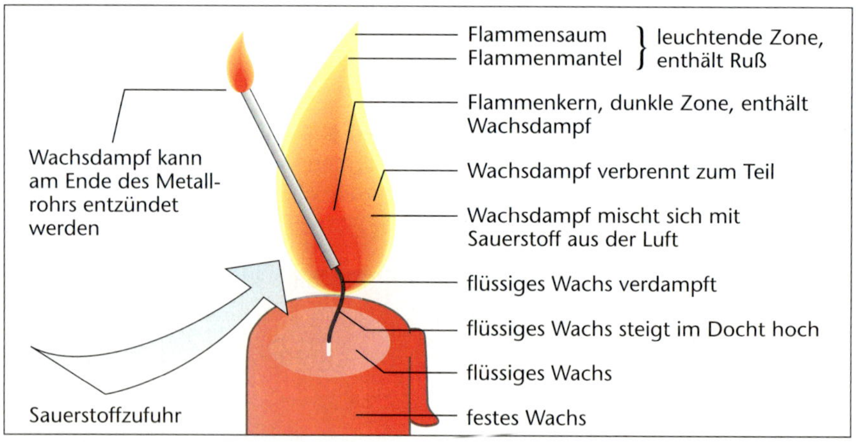

Direkt über dem Docht, in der inneren dunkleren Zone herrschen niedrigere Temperaturen als im oberen oder äußeren Bereich der Flamme.

▶ *Kleinste Teilchen* S. 54, 67

Kandiszucker

Sichtbare Kristalle

Puderzucker

Viele Stoffe lassen sich zerkleinern. So kann man beispielsweise Kandiszucker mit dem Hammer in kleinere Zuckerstücke teilen. Danach lassen sich mit dem Auge noch immer Zuckerkristalle erkennen. Zerreibt man diese Kristalle in einem Mörser, so erhält man ein weißes Pulver. Betrachtet man den Puderzucker mit dem Auge, sind die Zuckerkristalle nicht mehr sichtbar. Mithilfe einer Lupe kann man wieder die Form der Kristalle sehen. Löst man den Puderzucker in Wasser auf, verschwindet scheinbar der Zucker. Bei Betrachtung eines Tropfens der Zuckerlösung unter dem Mikroskop, ist nichts mehr vom Zucker zu sehen. Die klare Flüssigkeit ist völlig durchsichtig. Du weißt aber sicher wie Zuckerwasser schmeckt! Der Zucker ist also nicht verschwunden, sondern der vorhandene Zucker hat sich in kleinste Teilchen aufgelöst. Diese sind so winzig, dass sie selbst unter dem Mikroskop nicht mehr sichtbar sind.
Die Naturwissenschaftler bemühen sich, Methoden und Messinstrumente zu entwickeln, um das Aussehen dieser kleinsten Teilchen immer genauer zu erforschen.

Zuckerlösung

▶ *Korngrößen S. 23*

Die Bodenbestandteile werden nach ihrer Größe benannt. Je nach Korngröße unterscheidet man:

Mittel- und Grobsteine über 20 mm, ***Feinsteine*** 20 bis 6 mm

Kies 6 bis 2 mm

Sand 2 bis 0,1 mm
Schluff 0,1 bis 0,002 mm

Ton kleiner als 0,002 mm

▶ *Kreislauf des Wassers S. 53*

Das Wasser der Erdoberfläche durchläuft einen ständigen Kreislauf: Durch Wärme verdunstet Wasser und steigt als Wasserdampf hoch in die Atmosphäre. In höheren Schichten kühlt der Wasserdampf stark ab und kondensiert zu Wolken. Die Tröpfchen in den Wolken wachsen, bis sie als Niederschlag in Form von Regen, Schnee oder Hagel zur Erde fallen. Motor dieses Kreislaufs ist die Sonne.

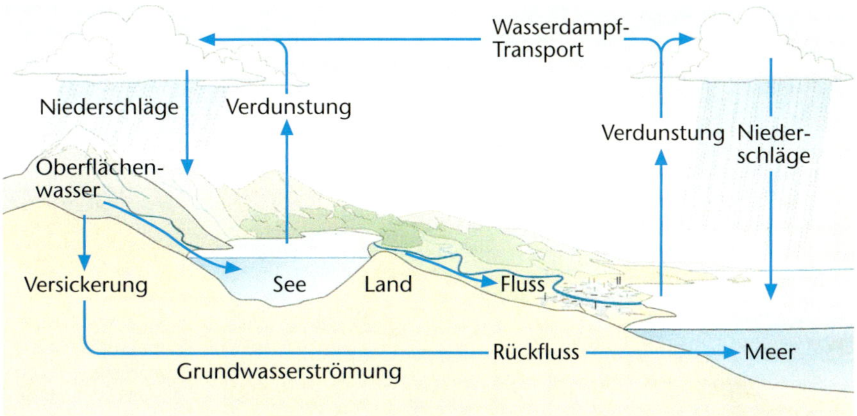

Wasserkreislauf

▶ *Kriminallabor S. 16*

Bei fast jedem Verbrechen werden Spuren hinterlassen. Zeugenaussagen, Spuren und Tatmotive geben dem Kriminalisten wertvolle Hinweise. Damit kann dann die Schuld, oder auch die Unschuld, eines Verdächtigen bewiesen werden. In diesem Koffer befinden sich die notwendigen Instrumente, um selbst kleinste Spuren zu sichern.

Biologische Hinweise
Aus kleinen Blutstropfen oder aus Speichelresten an einem Zigarettenstummel lässt sich die Blutgruppe eines Menschen bestimmen. Neu und als Beweismittel seit 1990 zugelassen ist der so genannte genetische Fingerabdruck. In jeder einzelnen menschlichen Zelle ist der Bauplan eines Menschen enthalten. Informationen darüber lassen sich aus Blut, Speichel, Haaren oder winzigen Hautteilchen, die beim Kampf mit dem Täter unter den Fingernägeln des Opfers hängen geblieben sind, gewinnen.

Fingerabdrücke

Die Rillen auf der Fingerkuppe sind bei jedem Menschen verschieden und unveränderlich. Selbst bei größeren Hautverletzungen bilden sie sich in der ursprünglichen Form nach. Die Kriminalpolizei benutzt Fingerabdrücke, um Personen eindeutig zu erkennen.
Daten von mehr als drei Millionen Menschen sind in Computern der Kripo gespeichert, darunter auch die von vielen unbekannten Toten. Die Fingerabdrücke werden nach bestimmten Merkmalen sortiert. Mit Hilfe des Computers können sie blitzschnell wiedergefunden und mit anderen Abdrücken verglichen werden.

Untersuchung von Fingerabdrücken

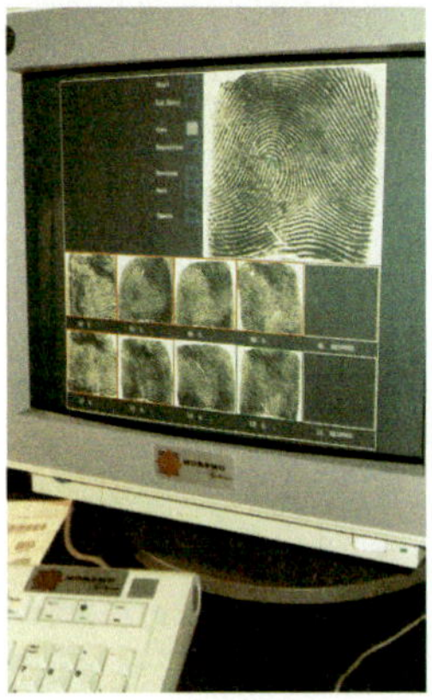

Fingerabdruckuntersuchung mit dem Computer

Die vier Grundtypen von Fingerabdrücken:
Bogen (1), Schleife (2), Wirbel (3), O-Muster (4)

Schusswaffen

Am Tatort werden Kugeln und Patronenhülsen sorgfältig gesammelt. Die Lage der Hülsen und die Schusskanäle zeigen, aus welcher Richtung geschossen wurde.
Auf dieser Patronenhülse sieht man Schlagbolzeneindrücke und Auswurfspuren. Jede Tatwaffe hinterlässt eindeutige Spuren.

Patronenhülse

Geschoss mit Rillen

Unter dem Mikroskop zeigen sich an einer Kugel typische Rillen, die beim Abfeuern im Lauf der Schusswaffe entstanden sind. Diese Rillen sind von Waffe zu Waffe unterschiedlich, auch wenn es sich um gleiche Modelle handelt. So lässt sich feststellen, dass die Waffe für ein ganz bestimmtes Verbrechen benutzt wurde.

Schmauchspuren

Beim Abfeuern einer Schusswaffe entsteht Pulverdampf, der sogenannte Schmauchspuren hinterlässt. Sie sind um dieses Einschussloch als dunkle Flecken zu sehen. So lässt sich feststellen, aus welcher Entfernung der Schuss kam.

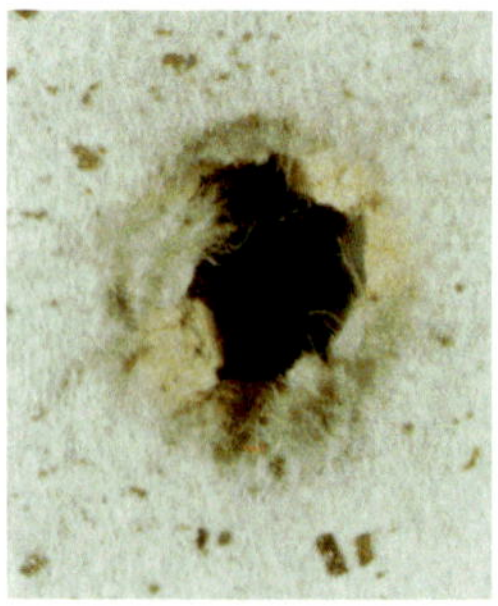

Einschussloch mit Schmauchspuren

Schmauchspuren dringen auch in die Hand des Schützen ein und lassen sich selbst durch kräftiges Waschen nicht entfernen. Man kann sie also noch nach Tagen finden.

Mit modernen Geräten kann man winzige Mengen eines Stoffs, etwa Medikamente, Gift oder Schmauchspuren, untersuchen. Die Verfahren sind so genau, dass man die gesamten kleinsten Teilchen eines Stücks Würfelzucker in einem großen Schwimmbecken nachweisen könnte.

Erpresser

Erpresser übermitteln ihre Forderungen oft per Post oder Telefon. Die Kriminalämter besitzen eine große Sammlung von Schriftproben. Damit kann man das Fabrikat eines Druckers oder einer Schreibmaschine feststellen. Einem Verdächtigen kann an winzigen Typenfehlern nachgewiesen werden, dass ein Brief genau auf seiner Maschine gedruckt wurde.
Besonders typisch für einen Menschen ist die Stimme. Kriminalisten erhalten daraus Informationen über Herkunft, Beruf oder Krankheiten einer Person. Mit Computern lässt sich eine Stimme „sichtbar“ machen.
Die Worte „Landeskriminalamt Düsseldorf“ erzeugen das Bild rechts. Unten sind die Schallschwingungen aufgetragen. Darüber wurde die Stimme nach Lautstärke und Tonhöhe analysiert. Hohe Töne erscheinen weiter oben im Bild, laute Töne werden rot dargestellt.

Für jeden Menschen ergibt sich ein ganz besonderes Muster, keine Stimme gleicht einer anderen völlig.

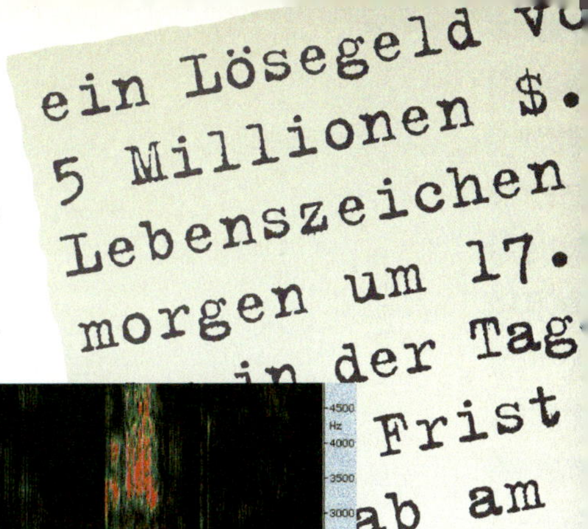

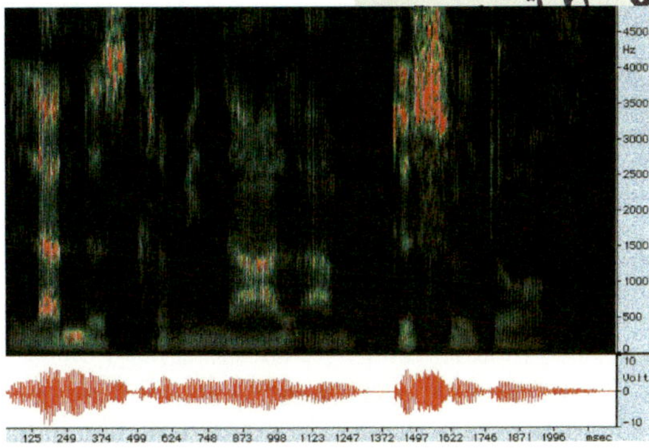

Computerbild einer menschlichen Stimme

▶ *Kristalle S. 31*

Kristalle erkennt man an ihrer Form. Sie sind oft ganz regelmäßig aufgebaut, zum Beispiel sind Kochsalzkristalle würfelförmig. Das Backpulver bildet Kristallnadeln ähnlich denen des Vitamin C. Beim Zerkleinern größerer Kristallbrocken bleibt die jeweilige Grundform weitgehend erhalten.
Viele Kristalle, wie zum Beispiel Pyrit oder Bergkristall, sind in Wasser unlöslich. Aber es gibt auch wasserlösliche Kristalle wie zum Beispiel Kochsalz, Zucker und Vitamin C.

Schneeflockenkristalle

Bergkristall

Kochsalzkristall

Pyritkristall

Amethyst

Vitamin C

▶ Kufen S. 73

Die Kufen sind aus Eisen, weil Eisen besonders leicht über Eis gleitet. Sie sind sehr schmal, damit das ganze Körpergewicht auf einer kleinen Standfläche lastet. Zusätzlich können die Kufen so geschliffen werden, dass das Gewicht nur auf den Kanten der Kufen liegt. Dadurch entsteht ein so starker Druck auf das Eis, dass es unter den Kufen flüssig wird. Du gleitest beim Schlittschuhlaufen also genau genommen nicht auf dem Eis, sondern auf einer Wasserschicht!

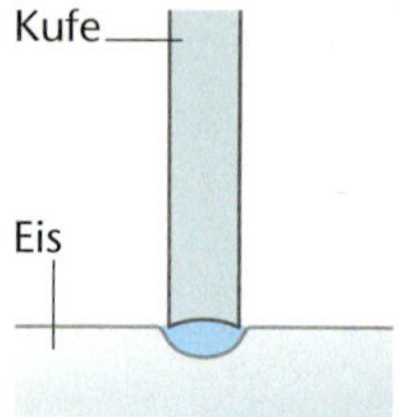

▶ Lagerfeuer S. 78

Ein Lagerfeuer wird nach der Entzündungstemperatur der Brennstoffe und nach dem geeigneten Zerteilungsgrad geschichtet.
Zunächst entzündet man locker zerknülltes Papier (Entzündungstemperatur: 250 °C).
Das brennende Papier entwickelt so viel Wärme, dass die Entzündungstemperatur des Holzes (ca. 300 °C) erreicht wird. Der feine Zerteilungsgrad der kleinen Holzzweige erleichtert das Entzünden. Nachdem die kleinen trockenen Holzzweige gut brennen, wird von ihnen so viel Wärme entwickelt, dass auch die großen Holzscheite an der Oberfläche Gase freisetzen, die dann Feuer fangen.

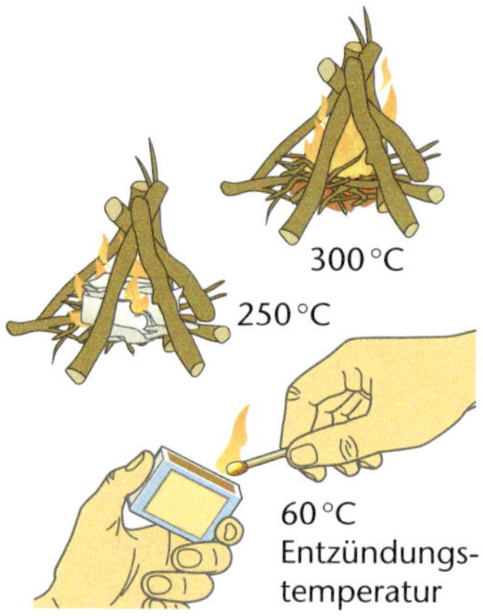

▶ Lebensmittelzusatzstoffe S. 43

In Europa sind fast 300 Zusatzstoffe für Lebensmittel zugelassen. Auf der Verpackung findet man entweder den Namen oder eine E-Nummer. Manche Stoffe der können Allergien oder andere Beschwerden auslösen. Über solche Wirkungen kann man z. B. in den Broschüren von Verbraucherzentralen nachlesen. Limonaden müssen keinen Fruchtsaft enthalten (Saft und Limonaden). Bei vielen entsteht der Geschmack nur durch Zugabe von Limonaden- bzw. Erfrischungsgetränkegrundstoff zu reinem Wasser oder Mineralwasser. In dem Grundstoff sind z. B. Aromastoffe und Säuerungsstoffe enthalten, für die Süße Zucker oder andere Süßstoffe. Für das angenehme Aussehen steht eine ganze Reihe von Farbstoffen zur Auswahl.

▶ Licht S. 8

Wir können Licht nur wahrnehmen, wenn es in unser Auge fällt. Licht breitet sich mit unvorstellbarer Geschwindigkeit aus. Für die Strecke von 300 000 km benötigt es nur 1 Sekunde. Die Entfernung zum Mond ist ca. 384 000 km. Licht ist also in etwa 1 Sekunde von der Erde auf dem Mond.

▶ Liebesbriefpapier S. 33

Deiner Fantasie sind keine Grenzen gesetzt!

a) Frische Blüten und Blätter
Zerteile größere Blätter, gib sie in einen Topf mit Wasser, koche sie ca. 10 Minuten auf kleiner Flamme. Gieße die Blätter über ein Sieb ab und presse sie eine halbe Stunde zwischen Zeitungspapier. Lege sie nochmals eine halbe Stunde in Wasser. Lege die Blätter dann auf den Faserbrei.

b) Besondere Formen
Lege eine Plätzchenform auf dein Schöpfsieb und gieße den Papierbrei vorsichtig hinein.

c) Farben
Färben kannst du den Papierbrei mit Wasserfarbe, Rotkrautsaft oder auch, indem du beim Herstellen farbige Servietten zumischst.

▶ *Lösungen* *S. 31, 46*

Lösungen sind Stoffgemische (Gemisch), bei denen sich der ein Stoff so vollständig im anderen verteilt, dass eine klare und durchsichtige Flüssigkeit entsteht. So löst sich z. B. Zucker leicht in Wasser. Nur am Geschmack lässt sich das Vorhandensein von Zucker noch erkennen. Man kann auch manche Flüssigkeiten (z. B. Alkohol) oder Gase (z. B. Sauerstoff, Kohlenstoffdioxid) in Wasser oder anderen Flüssigkeiten lösen.

Lösung: Zuckerwasser

Ist ein Feststoff in einer Flüssigkeit (einem Lösungsmittel) nicht löslich, sondern liegt fein verteilt (mit den Augen erkennbar vor), so handelt es sich nicht um eine Lösung, sondern um eine **Suspension (Aufschlämmung)**.

Suspension: Kakao

▶ *Luft* *S. 46, 67, 77*

Die Erde ist von einer Hülle umgeben, die wir meistens einfach Luft nennen. Sie besteht aus mehreren Gasen.
Das wichtigste für uns ist der ***Sauerstoff***. Er macht ungefähr ein Fünftel der Luftmenge aus. Die anderen vier Fünftel bestehen vor allem aus ***Stickstoff***. Wir atmen also immer viel mehr Stickstoff als Sauerstoff ein. Stickstoff wird aber vom Körper nicht verwendet, sondern einfach mit dem ***Kohlenstoffdioxid*** und dem Restsauerstoff wieder ausgeatmet.

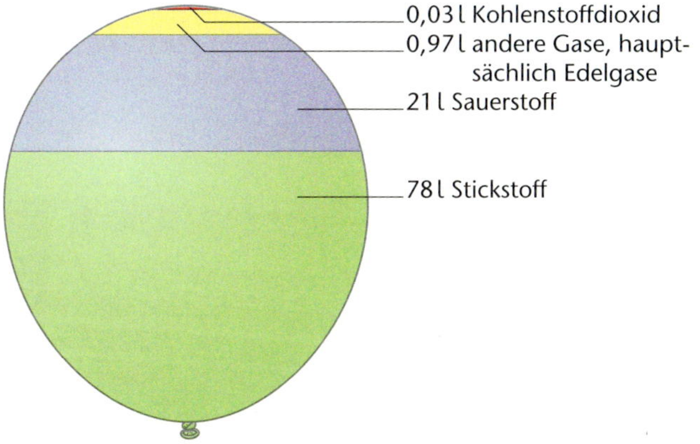

Teilchenvorstellung der Luft:
Die Kaffeebohnen stellen Stickstoffteilchen dar, die Backerbsen die Sauerstoffteilchen. Die Haselnüsse können sowohl Kohlenstoffdioxidteilchen als auch Teilchen eines Edelgases (vor allem Argon) darstellen.

▶ Luftdruck und Wetterentwicklung S. 61, 67

Ein Liter Luft wiegt auf Meereshöhe etwa 1,3 g. Durch Erwärmen wird der Liter Luft leichter und steigt nach oben. Dabei kühlt sich die Luft ab. Im Experimentiergefäß macht dies der aufsteigende Rauch am Räucherstäbchen sichtbar. An dem Ort am Boden, wo jetzt die aufgestiegene Luft fehlt, herrscht ein niedrigerer Luftdruck; im Wetterbericht heißt das Tiefdruckgebiet. Da Luft immer den ganzen Raum einnimmt, der ihr zur Verfügung steht, will neue Luft an diesen Ort (in dieses Tiefdruckgebiet) drängen.
Woher kommt diese neue Luft? Die aufgestiegene Luft hat in der Höhe die dortige Luft verdrängt, ein Gebiet mit Luftüberschuss ist entstanden (ein „Hochdruckgebiet"). Die verdrängte Höhenluft stößt an die Gefäßwand und prallt an ihr nach unten. Sie wird auf den Boden gedrückt. In Bodennähe entsteht also wieder ein Hochdruckgebiet (welches wieder in der Wetterkarte verzeichnet wird; nur die Bodendruckgebiete, nicht die Höhendruckgebiete sind also auf der Wetterkarte verzeichnet). Von dort weht die Luft im Experimentiergefäß zu dem Tiefdruckgebiet am Räucherstäbchen. So entsteht ein geschlossener Kreislauf mit Luftströmungen (im Alltag einfach „Winde" genannt).
Ähnlich wie in diesem Experimentiergefäß ist die Luft auch in der Lufthülle der Erde, der Atmosphäre eingeschlossen. Druckunterschiede erzeugen Winde, die aufsteigenden warmen Winde transportieren Feuchtigkeit mit nach oben, die Folge ist Wolkenbildung und Regen.

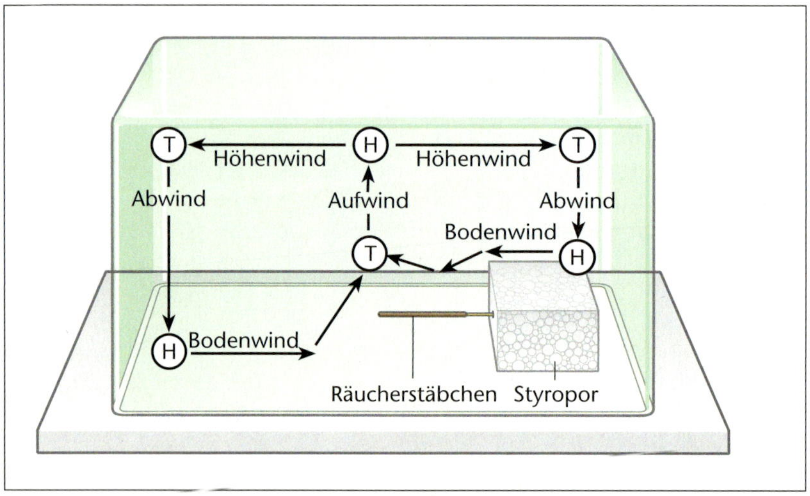

▶ Luftdruckmesser (Barometer) S. 61

Du brauchst:
Lineal und Schere,
ein großes Glas,
einen großen Luftballon,
2 Trinkhalme,
Pappe und Klebeband

Das musst du machen:

1. Schneide den Hals des Ballons ab, sodass du ihn über die Öffnung des Glases ziehen kannst.
2. Klebe den Rand des Ballons am Glas fest. Es darf absolut kein Leck geben.
3. Klebe die Trinkhalme zusammen und befestige ein Pappdreieck an einem Ende.
4. Klebe das andere Ende in die Mitte der Ballonhaut.
5. Miss mit dem Lineal im Abstand von einigen Stunden den Zeigerstand. Prüfe, ob der Luftdruck sinkt oder steigt.

So funktioniert dein Barometer:
Im Glasgefäß ist die Luftmenge immer gleich. Steigt der Luftdruck außen, so wird die Gummihaut ein wenig in das Gefäß gedrückt. Die Spitze des Zeigers bewegt sich nach oben. Sinkt der Luftdruck, so wird das Gummi durch die Luft im Glas etwas nach außen gewölbt. Die Zeigerspitze bewegt sich nach unten.

▶ *Luftfeuchtigkeit S. 54*

Die Menge des in der Luft vorhandenen Wasserdampfs nennt man Luftfeuchtigkeit. Man kann den Wasserdampf nicht sehen, aber er ist überall auf der Erde – selbst an den trockensten Punkten – in der Luft vorhanden. Warme Luft kann mehr Wasserdampf aufnehmen als kalte. Deshalb werden die Werte als relative Luftfeuchtigkeit angegeben. Kühlt feuchte Luft ab, kondensiert der Wasserdampf zu feinen Tröpfchen (Aggregatzustände), die als Nebel oder Wolken sichtbar werden. Die relative Luftfeuchtigkeit misst man mit einem Hygrometer. Eine Form des Hygrometers ist das Haarhygrometer. In diesem Messgerät befinden sich Menschen- oder Pferdehaare, die bei höherer Luftfeuchtigkeit länger und bei niedriger Luftfeuchtigkeit kürzer werden.

▶ *Lupe S. 16, 20, 26, 31, 33*

Die abgebildeten Lupen haben verschiedene Linsen, die für die Vergrößerung des Objektes verantwortlich sind. Probiere selbst verschiedene Linsen aus. Achte auf die Dicke der Linsen und den Abstand zum untersuchten Gegenstand!
„Je dicker die Linsen, desto stärker die Vergrößerung!"

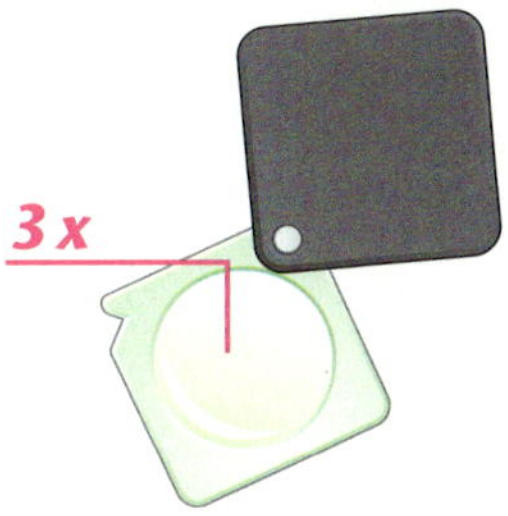

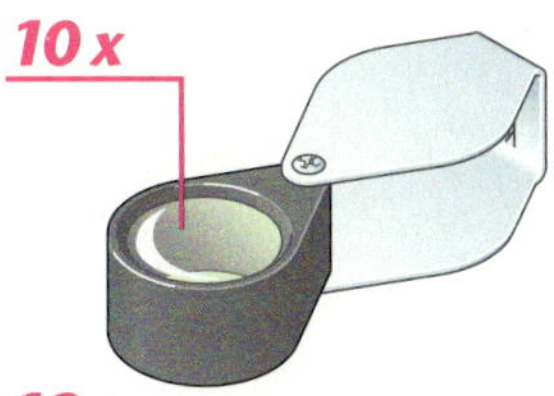

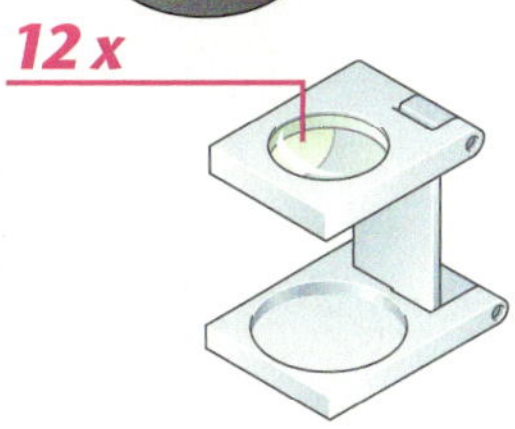

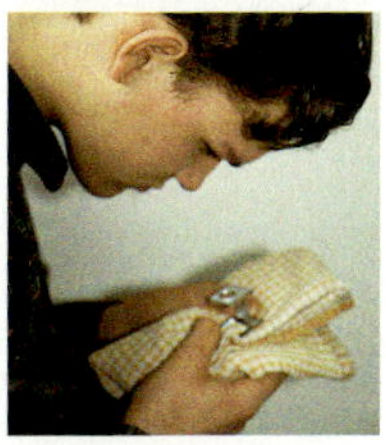

▶ **Mikroskop S. 17, 20, 32, 33**

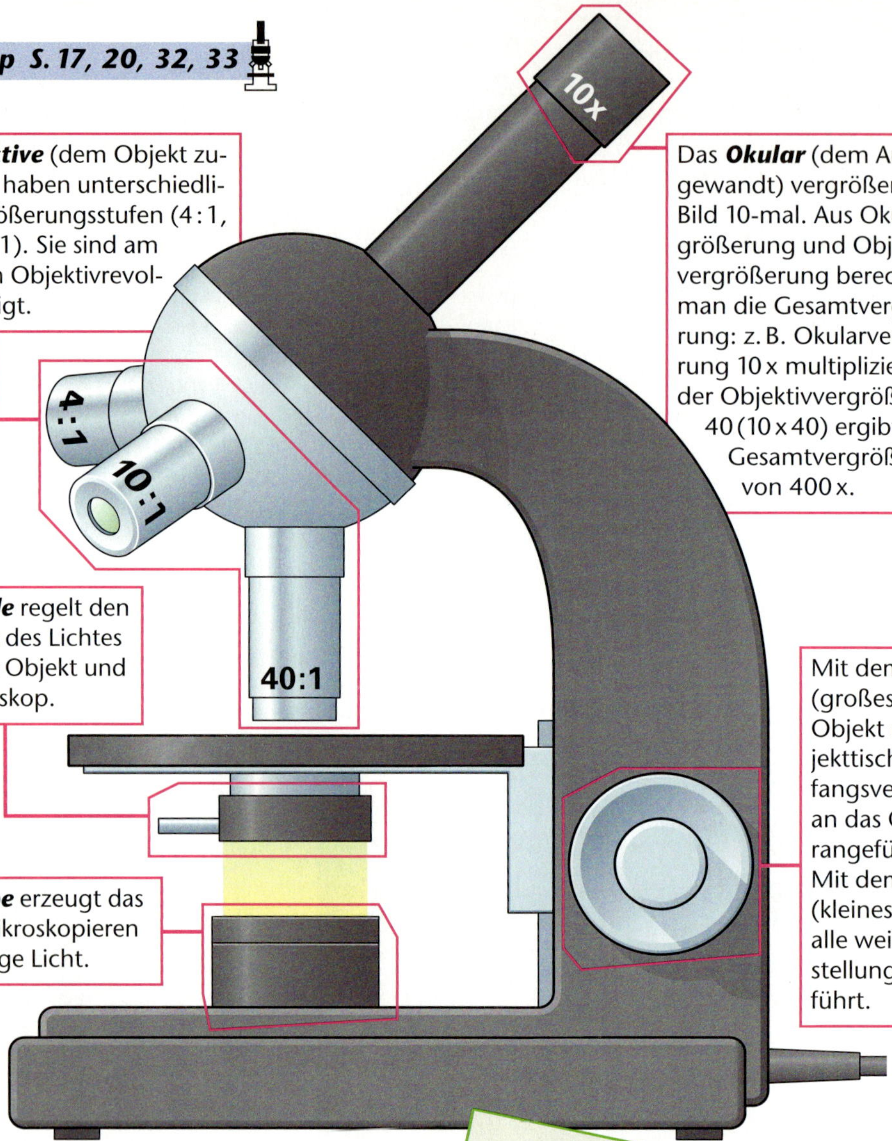

Mikroskopierführerschein

Wenn du

- alle wichtigen Handgriffe im Umgang mit Lupe, Binokular und Mikroskop beherrschst,
- eigenständig Präparate herstellen kannst,

dann bist du eine erfahrene Forscherin bzw. ein erfahrener Forscher, für die/den der „Weg in immer Kleineres" kein Problem mehr darstellt.

Unter diesen Bedingungen kannst du den „Mikroskopierführerschein" eurer Schule erlangen.

Stationen des Mikroskopierens am Beispiel der Wasserpest

Was du tun musst!

Lege mit einer Pinzette ein Blättchen der Wasserpest auf den Objektträger in einen Wassertropfen. Decke es mit einem Deckgläschen luftblasenfrei ab.

Schiebe den Objektträger auf den Objekttisch unter das Objektiv mit der geringsten Vergrößerung (4 : 1). Achte darauf, dass das Objektiv einen genügend grossen Abstand vom Objektträger hat. Mit dem Grobtrieb stellst du das Objekt im Blickfeld vorsichtig scharf ein.

Diese interessante Stelle muss im Zentrum des Sichtfeldes liegen. Durch Drehen des Objektivrevolvers stellst du die nächst höhere Vergrößerung (10 : 1) ein. Zum Scharfstellen des Bildes benutzt du nur noch den Feintrieb. Kontrolliere von der Seite, dass das Objektiv nicht das Deckgläschen berührt.

Suche dir wieder eine interessante Stelle und schiebe sie in das Zentrum deines Sichtfeldes. Drehe den Revolver auf die höchste Vergrößerungsstufe (40 : 1) und stelle das Bild mit dem Feintrieb scharf ein. Beim Verschieben des Objektes musst du sehr vorsichtig sein.

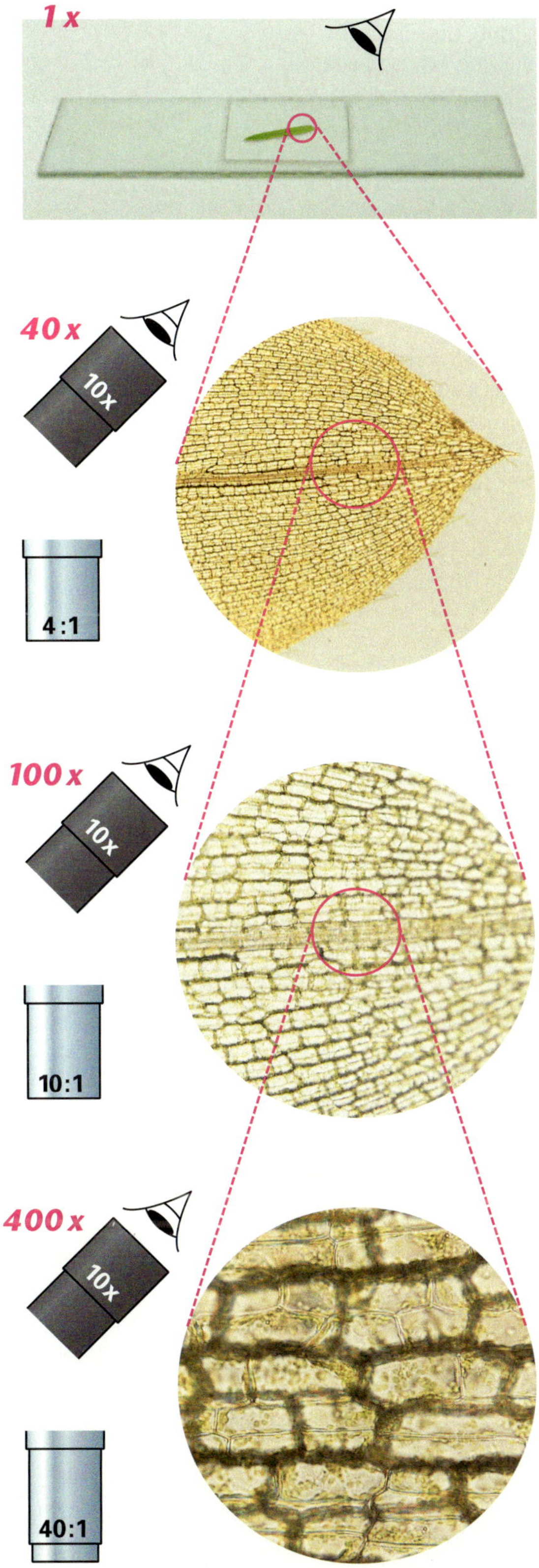

Was du sehen kannst!

Mit dem bloßen Auge erkennst du die Form und die Farbe des Blättchens. Weitere Einzelheiten bleiben aber verborgen.

Mit der 40fachen Vergrößerung erkennst du schon feinere Strukturen des Blättchens. Betrachte genau verschiedene Stellen deines Objektes und suche dir eine Stelle, die du genauer untersuchen möchtest.

Die 100fache Vergrößerung zeigt dir schon Einzelheiten des Blattgewebes. Die einzelnen Zellen sind deutlich zu erkennen. Die kleinen Blattgrünkörner werden als grüne Punkte sichtbar. Nach genauem Betrachten kannst du die höchste Vergrößerung wählen.

Die 400fache Vergrößerung zeigt dir im Sichtfeld des Mikroskopes nur noch einige Zellen. Die Blattgrünkörner – nur sie sind grün – kann man nun genauer erkennen. Vielleicht siehst du auch, dass sie sich ganz langsam bewegen. Achte auch auf den Aufbau der Zellwände und auf andere Einzelheiten.

▶ Milliliter S. 39, 40, 41

Die Vorsilbe „Milli“ kennst du schon im Zusammenhang mit Längeneinheiten und Masseneinheiten: Millimeter (mm) und Milligramm (mg). Es gilt: 1 m = 1000 mm, 1 g = 1000 mg.

Oft benötigst du weniger als einen Liter Flüssigkeit. Man verwendet daher häufig die Einheit „Milliliter“. Es gilt: 1 l = 1000 ml.

Ein Milliliter (ml) Flüssigkeit passt in einen kleinen Würfel mit einer Kantenlänge von 1 cm. In einen Würfel mit einer Kantenlänge von 10 cm passt 1 Liter Flüssigkeit.

▶ Mineralwasser S. 42

Mineralwasser ist ein reines, gesundes Lebensmittel, das direkt am Quellort abgefüllt wird. Alle Mineralwässer werden im amtlichen Labor auf ihre Zusammensetzung hin untersucht. Die Zusammensetzung wird auf dem Etikett dargestellt.

Je nach Zusammensetzung wird zwischen Mineralwasser, Heilwasser, Quellwasser und Tafelwasser unterschieden. Schon die Römer tranken germanisches Mineralwasser. Früher war es teuer, heute kann es sich jeder leisten.

▶ Nahrungskette S. 22

Pflanzen sind immer das erste Glied in einer Nahrungskette. Sie ernähren sich nicht von anderen Lebewesen, sondern stellen wichtige körpereigene Stoffe mithilfe der Sonnenenergie selbst her.
Die Bäume in einem Wald sind solche „Erzeuger“. Hier beginnt die Wald-Nahrungskette. Von ihnen leben die „Verbraucher“. Pflanzenfresser wie die Eichhörnchen sind „Erstverbraucher“. Der Baummarder ist „Zweitverbraucher“ – er frisst das Eichhörnchen. Nahrungsketten können unterschiedlich lang sein. An ihrem Ende findet man häufig große Fleisch fressende Tiere wie den Habicht.

Nebel S. 54

Erreicht die relative Luftfeuchtigkeit 100 %, ist die Luft mit Wasserdampf gesättigt, d. h. sie kann keinen weiteren Wasserdampf aufnehmen. Wenn warme, mit Wasserdampf gesättigte Luft mit kaltem Boden oder einer kalten Luftschicht in Kontakt kommt, kondensiert die Luftfeuchtigkeit zu kleinen Tröpfchen, die so leicht sind, dass sie in der Luft schweben. Dadurch wird die Sicht sehr stark herabgesetzt (die Sichtweite kann weniger als 1 km betragen). Bei Nebelwetterlagen ist kein oder kaum Wind vorhanden, der den Nebel sofort auflösen würde.

Netz S. 67

Beispiel: Netz zum Thema „Wasser".
Was fällt dir zu einem bestimmten Thema, z.B. zu „Wasser" ein?

1. Schreibe das Wort „Wasser" in einen Kreis, mitten auf ein großes Blatt Papier.
2. Um diesen Kreis ordnest du wichtige Begriffe zum Thema Wasser an. Zu jedem dieser Wörter führt ein dicker Hauptast.
3. Von da an bekommt jedes Wort das genannt wird, einen Nebenast.
4. Überlege genau, an welcher Stelle du das Wort einfügst und ergänze erst dann den Nebenast.
5. Alle Einfälle sind erlaubt und werden nicht bewertet.

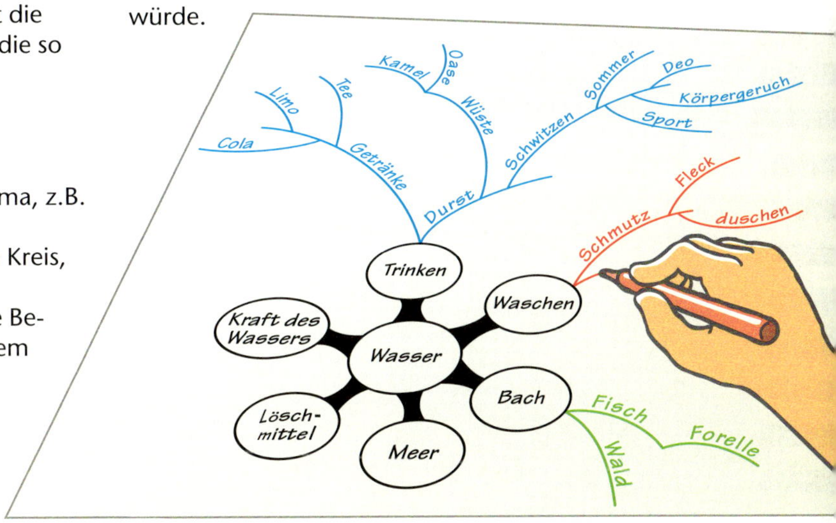

Ofen S. 78

Ähnlich wie beim Lagerfeuer werden im Ofen die Brennstoffe (Papier, kleine und größere Holzscheite und Kohle) entsprechend ihren Entzündungstemperaturen geschichtet. Eine ausreichende Luftzufuhr von unten, mit dem notwendigen Sauerstoff, sorgt für die Verbrennung. Gleichzeitig müssen aber auch die Verbrennungsprodukte mit der heißen Luft durch einen Kamin nach außen entsorgt werden.

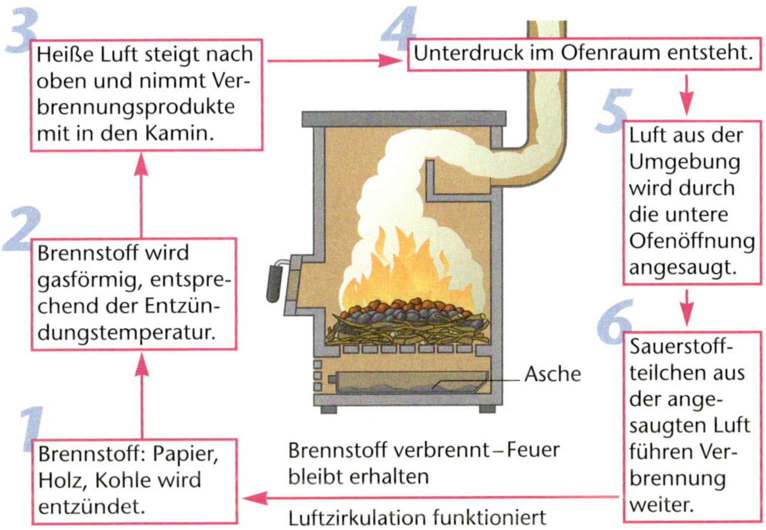

Papierflieger S. 65

Baue den Flieger aus glattem Schreibpapier.
Tipps zur Startvorbereitung:

- Überprüfe, ob dein Flieger ganz symmetrisch ist, er kann sonst nicht geradeaus fliegen.
- Die Wurftechnik ist wichtig! Richtig abgeworfen fliegt er nicht nach oben sondern gleichmäßig in einem flachen Winkel nach unten.
- Trimme den Flieger sehr vorsichtig und überprüfe zwischendurch immer wieder die Wirkung der Veränderungen.

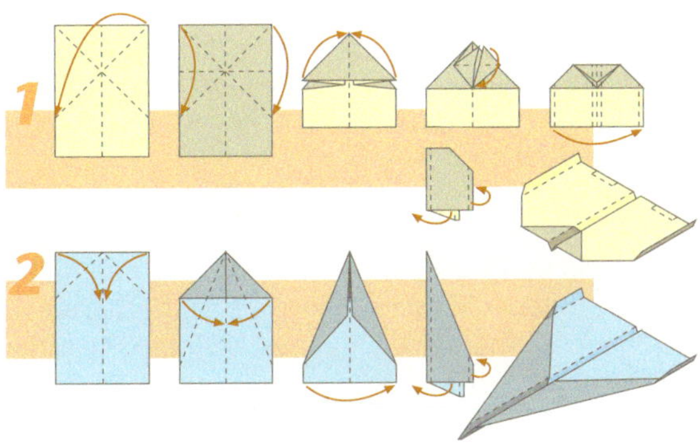

▶ Papierherstellung S. 23

Jedes Papier enthält Fasern. Wie dicht die Fasern sind und wie dick ein Blatt Papier ist, hängt davon ab, wofür man das Papier braucht. Papier wird aus Abfallholz und Altpapier hergestellt. Das Holz wird unter Zugabe von heißem Wasser so fein zerteilt, dass ein dünnflüssiger Faserbrei entsteht.
Das Altpapier (z. B. alte Zeitungen) wird in Wasser aufgelöst. Das geschieht in einer Art riesigem Küchenmixer. Anschließend wird der graue Papierbrei gereinigt, die alten Druckfarben werden entfernt. Damit das Papier hell wird, wird der Papierbrei gebleicht.

Übrigens: Wenn du auf deinen Heftumschlag schaust, findest du oft einen Hinweis, dass das Heftpapier chlorfrei gebleicht wurde.

In der Papierfabrik vermischen Maschinen Holzfaserbrei und Altpapierbrei. Die dünne Mischung wird auf ein ständig umlaufendes Sieb gegossen. Die Fasern verfilzen miteinander, das Wasser läuft ab. Zurück bleibt eine dünne, feuchte, noch sehr empfindliche Schicht. Heiße Walzen trocknen und pressen die Bahn. Am Ende wird das fertige Papier auf große Rollen gewickelt.

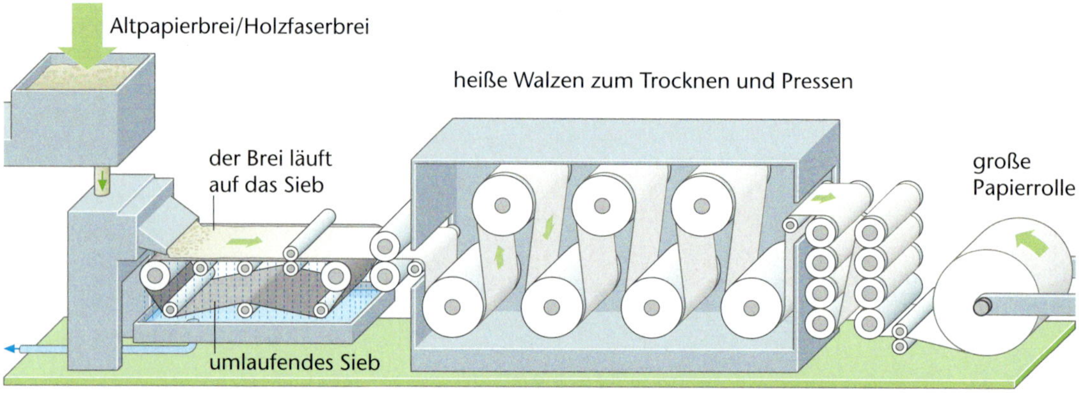

Phasen der Papierherstellung

▶ Papiermethode S. 34, 35

Naturwissenschaftler bezeichnen die Papiermethode als Papierchromatografie. Sie ist ein Verfahren zur Stofftrennung von sehr kleinen Mengen eines Gemisches mithilfe von Wasser oder anderen Lösungsmitteln.
Das Stoffgemisch – z. B. schwarze Farbe – wird auf einen Papierstreifen aufgetragen und in ein Gefäß mit Wasser gehängt, sodass er gerade die Wasseroberfläche berührt. Das Wasser steigt langsam in den Hohlräumen zwischen den Fasern des Papiers nach oben und nimmt dabei die Farbstoffteilchen mit. Manche Farbstoffteilchen haften stärker am Papier und kommen nur langsam voran. Andere werden dagegen besonders schnell und weit mitgenommen. Gleiche Farben können aus unterschiedlichen Farbstoffmischungen bestehen, die durch dieses Verfahren sichtbar werden.
Im Labor können so kleinste Mengen von Verunreinigungen, z. B. in Lebensmitteln, aufgespürt werden.

Papierchromatografie

▶ *Papiersorten* S. 33

Man unterscheidet Papier nach seinen Inhaltsstoffen, also z. B. holzfrei oder holzhaltig, aus Altpapier hergestellt usw. Aber auch das Gewicht wird angegeben: 80 g/m² bedeutet, dass ein Papierbogen von einem Meter Länge und einem Meter Breite 80 Gramm wiegt. Das ist das Gewicht von Schreibpapier, Zeitungspapier ist leichter (55 g/m²), Pappe schwerer (über 200 g/m²). Unter starker Vergrößerung sieht Papier so aus:

Schreibpapier

Löschpapier

Filterpapier

▶ *pH-Wert* S. 47, 48

Der pH-Wert gibt an, wie stark sauer oder alkalisch eine Lösung ist.

pH-Wert im Aquarium

In allen Weltmeeren ist der pH-Wert etwa 8,3. Die Meerwasserfische im Aquarium leben bei einem Wert zwischen 8,0 und 8,6. Wenn zu viele Algen im Wasser sind, kann der pH-Wert zu hoch werden.
Im Süßwasseraquarium sollte der pH-Wert zwischen 6,5 und 8,5 liegen.
Süßwasserfische aus leicht braun gefärbten südamerikanischen Urwaldflüssen („Schwarzwasserflüsse") brauchen leicht saures Wasser mit pH-Werten zwischen 6,0 und 7,5.
Ostafrikanische Buntbarsche fühlen sich in leicht alkalischem Wasser (7,5 bis 8,5) wohl.
Wenn die jeweiligen pH-Werte nicht eingehalten werden, sind die Fische anfällig für Fischkrankheiten und es kann zum Fischsterben kommen.
Durch einen Wasserwechsel kann man den pH-Wert verändern.

pH-Wert und Farbe von Universalindikator			Beispiele	pH-Werte
0		stark sauer	ca. 4%ige Salzsäure	etwa 0
1		stark sauer	Magensaft	1,0 bis 2,0
2		stark sauer	Zitronensaft Speiseessig	2,3 2,3 bis 3,0
3		stark sauer	Wein	etwa 3,0
4		schwach sauer	Urin	4,0 bis 7,0
5		schwach sauer	„reiner" Regen	5,6
6		schwach sauer	Milch	6,4 bis 6,7
7		neutral	reines Wasser Blut	7,0 7,4
8		schwach alkalisch	Meerwasser Darmsaft	8,3 8,3
9		schwach alkalisch	Seifenlösung	8,0 bis 10,0
10		schwach alkalisch	Kalkwasser	10,5
11		schwach alkalisch	Salmiakgeist	11,9
12		stark alkalisch		
13		stark alkalisch		
14		stark alkalisch	ca. 4%ige Natronlauge	etwa 14,0

pH-Werte einiger häufig vorkommender Lösungen

pH-Wert des Bodens
Ein Landwirt sollte über die pH-Werte seiner Felder Bescheid wissen, denn die Kulturpflanzen haben unterschiedliche Ansprüche an den Boden.

pH-Messgerät

pH-Messgerät im Boden

Beste Wachstumsbedingungen:
für Roggen pH 5 bis 6

für Gerste pH 7 bis 8

für Kartoffeln pH 5 bis 8

▶ *Präparat S. 33*

Das Mikroskop eröffnet dir weitere Vergrößerungsmöglichkeiten (40 x, 100 x, 400 x). Du musst zum Mikroskopieren einige Vorbereitungen treffen. Da das Licht durch das Objekt hindurchscheinen muss, ist im Objekttisch des Mikroskops ein Loch. Da würden alle Objekte hindurchfallen, wenn man nicht eine kleine Glasscheibe, den Objektträger, darüberlegen würde.
Du wirst vor dem Mikroskopieren dein Objekt auf den Objektträger aufbringen, also ein Präparat herstellen.

Herstellen eines Präparates

Tropfe mit einer Pipette einen kleinen Wassertropfen auf die Mitte eines Objekträgers.

Lege das Untersuchungsobjekt mit einer Pinzette in den Wassertropfen.

Lege ein Deckgläschen so auf den Wassertropfen, dass keine oder kaum Luftblasen eingeschlossen werden. Vorsicht, die Deckgläschen zerbrechen sehr schnell! Wir benutzen das Deckgläschen, damit kein Wasser an das Objektiv des Mikroskops gelangt.

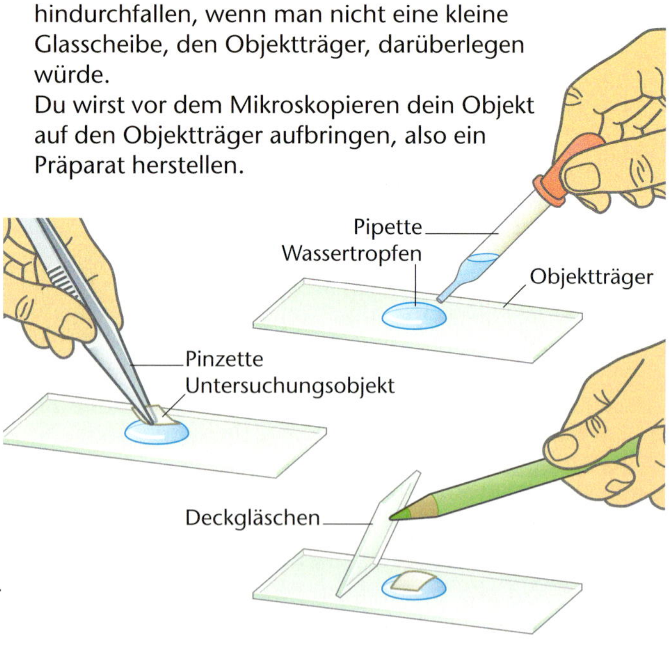

▶ Protokoll S. 61

Ein Protokoll ist eine wichtige Gedächtnisstütze und ist nützlich zum Erklären eines Versuches.

Versuchs- oder Beobachtungsprotokoll
a) Fragestellung
b) Geräte und benutzte Materialien (eventuell Skizze)
c) Durchführung des Versuchs oder der Beobachtung Beschreibung)
d) Beobachtungen und Messergebnisse
e) Auswertung der Ergebnisse, Antwort auf die Fragestellung

▶ Regen S. 55

Regen ist nach Menge und Häufigkeit der wichtigste Niederschlag. Niederschläge fallen in flüssiger oder fester Form aus Wolken in der Lufthülle (Atmosphäre) zur Erde. Sie bilden sich an winzigen Staubteilchen (Kondensationskerne). Erst wenn sie eine bestimmte Größe erreicht haben, sinken sie zu Boden. Zu den flüssigen Niederschlägen zählen das Nieseln (Sprühregen), bei dem sich sehr feine Tropfen bilden (Durchmesser 0,5 mm), und der Regen, der in heftigen Schauern mit besonders großen Tropfen (Durchmesser bis 7 mm) fallen kann. Zu den festen Niederschlägen gehören die feinen Eisnadeln und der flockige Schnee, des Weiteren Schneegriesel, Eiskörner, Graupel und Hagel (> 5 mm).

▶ Regenbogen S. 60

Ein Regenbogen tritt nur auf, wenn es regnet und gleichzeitig die Sonne scheint. Ähnlich wie durch ein Prisma wird das Sonnenlicht durch die kleinen Regentropfen in ein Farbspektrum zerlegt. Um einen Regenbogen zu sehen musst du mit dem Rücken zur Sonne stehen.

▶ Regenmesser (Niederschlagmessgerät) S. 55

So funktioniert dein Regenmesser:
An der Skala kannst du ablesen, wie viel Millimeter Niederschlag pro Tag gefallen sind. 1 mm Niederschlag entspricht in etwa 1 l Wasser auf jeden Quadratmeter.

Du brauchst:
Lineal und Schere,
Plastikflasche mit geraden Wänden,
farbiges Klebeband,
ein Stück Maßband,
Murmeln oder saubere
Kieselsteine,
Wasser.

Das musst du machen:
1. Schneide den oberen Teil der Flasche ab. Sichere die scharfen Kanten mit Klebeband.
2. Klebe mehrere Streifen Klebeband im Abstand von 1 cm auf die Flasche. Befestige das Maßband daneben.
3. Beschwere den Regenmesser mit einer Hand voll Murmeln oder Steinen, damit er nicht umfällt.
4. Gieße bis zur untersten Marke Wasser hinein, hier beginnen die Messungen.
5. Miss die Niederschlagsmenge.

▶ Saft und Limonaden S. 40, 43

Fruchtsaft

Fruchtsäfte bestehen nur aus Saft. Sie können direkt abgefüllt oder aus einem Konzentrat hergestellt werden. Wird der Fruchtsaft aus Konzentrat hergestellt, darf nur so viel Wasser wieder zugesetzt werden, wie vorher entfernt wurde. Die Fruchtsäfte dürfen weder mit Zucker noch mit Farb- oder Konservierungsstoffen versetzt werden.

Fruchtnektar

Fruchtnektare enthalten pro 100 ml Nektar bis zu 50 ml Fruchtsaft. Der restliche Anteil besteht vorwiegend aus Wasser und Zucker oder – bei Diätnektaren – Süßstoff.
Zusätze wie Konservierungs- und Farbstoffe sind nicht erlaubt.

Fruchtsaftgetränk

Fruchtsaftgetränke enthalten am wenigsten Fruchtsaft. Der Anteil reicht von 6 ml Saft pro 100 ml bei Apfelsinen- und Grapefruitsaftgetränken bis zu 30 ml Saft pro 100 ml bei Trauben- und Apfelsaftgetränken. Der Zusatz von Zucker ist nicht begrenzt.

Limonaden

Limonaden müssen keinen Fruchtsaft enthalten. Lebensmittelzusatzstoffe, wie z. B. Konservierungs- und Farbstoffe, sind erlaubt.

▶ Satellitenbild S. 61, 67

Ständig nehmen Wettersatelliten aus großer Höhe Bilder von der Erdoberfläche auf und senden diese an Wetterstationen. Auf den Bildern ist die Entstehung von Wolken gut zu erkennen. Verschiedene Grautöne verraten Dichte und Temperaturen dieser Wolken. Aus mehreren Bildern hintereinander kann man so Art, Richtung und Geschwindigkeit von Wetterfronten bestimmen. Diese Informationen helfen bei der Erstellung von Wetterkarten.

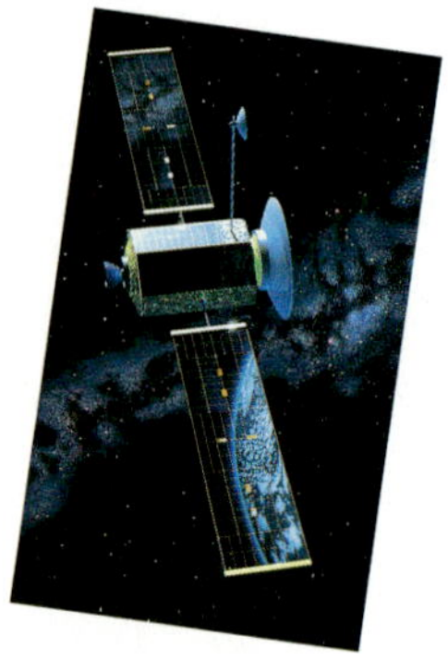

▶ saurer Regen S. 48

Beim Verbrennen schwefelhaltiger Brennstoffe (Heizöl, Kohle, Benzin) in Kraftwerken, Haushalten und Autos entstehen Abgase. Diese ergeben mit Regen, Nebel oder Luftfeuchtigkeit eine saure Lösung, den sauren Regen. Dieser kann Menschen, Tiere, Pflanzen und Bauwerke schädigen.
Deshalb muss man versuchen, die Luftbelastung mit Abgasen zu verringern. Beispielsweise kann man umweltfreundliche Brennstoffe wie schwefelfreies Erdgas verwenden. Die großen

Heiz- und Kraftwerke haben Anlagen zur Rauchgasentschwefelung und -entstickung. Private Heizungsanlagen werden jedes Jahr vom Schornsteinfeger überprüft. Autoabgase kann man z. B. durch Benutzung des Fahrrades oder öffentlicher Verkehrsmittel vermeiden oder durch Autos mit geringerem Kraftstoffverbrauch und Abgaskatalysatoren verringern.

▶ *Schäden durch Wasser S. 53*

Bewegte Wassermassen können gewaltige Schäden anrichten.
Je größer die Wassermassen sind und je schneller sie sich bewegen, desto größer ist ihre zerstörende Wirkung. Ziel von Schutzmaßnahmen ist es deshalb, die Wassermassen oder deren Geschwindigkeit zu verringern. Natürlich ist es wirksamer zu verhindern, dass sich große Wassermassen sammeln können. Wenn bei der Schneeschmelze schon auf dem Berg im Waldboden, der wie ein Schwamm wirkt, das Wasser aufgesaugt werden kann, kommt es nicht zum übermäßigen Anschwellen von Flüssen und zu Überflutungen. Die Erhaltung des Waldes schützt sowohl bei der Schneeschmelze als auch bei starkem Regen vor Überschwemmungen. Auch die Erhaltung und Wiederherstellung von Flussauen dient dem Schutz. Flussauen sind Gebiete an Flüssen, die bei Hochwasser überschwemmt werden und aufgesaugtes Wasser speichern können.

▶ *Schall S. 117*

Hast du dir schon einmal überlegt, wie der Schall von einer schwingenden Stimmgabel zu deinem Ohr gelangt?
Du hast gelernt, dass zwischen Stimmgabel und Ohr Luft vorhanden ist und dass die Luft den Schall weiterleitet.
Luft ist ein Schallträger.

Eigentlich scheint keine direkte Verbindung zwischen der Stimmgabel und deinem Ohr zu bestehen.
Doch die Luft, die sich zwischen Stimmgabel und Ohr befindet, besteht aus kleinsten Teilchen. Schlägst du nun die Stimmgabel an, so fängt diese an sehr schnell hin und her zu schwingen. Dabei stößt der Zinken der Stimmgabel die kleinsten Teilchen der Luft an, die sich in der direkten Umgebung befinden. Diese stoßen die nächsten Teilchen an, diese wieder die nächsten usw. Schließlich bewegen sich auch die Teilchen der Luft, die sich in deinem Ohr befinden und diese prallen gegen das Trommelfell (ein dünnes Hautstückchen im Ohr, das ähnlich wie die Bespannung einer Trommel wirkt) . Das Trommelfell wird so in Bewegung versetzt.

Einzelne klare ***Töne*** hört man, wenn eine Schwingung sehr regelmäßig immer im gleichen Tempo abläuft. Je schneller die Schwingung, desto höher ist der Ton.

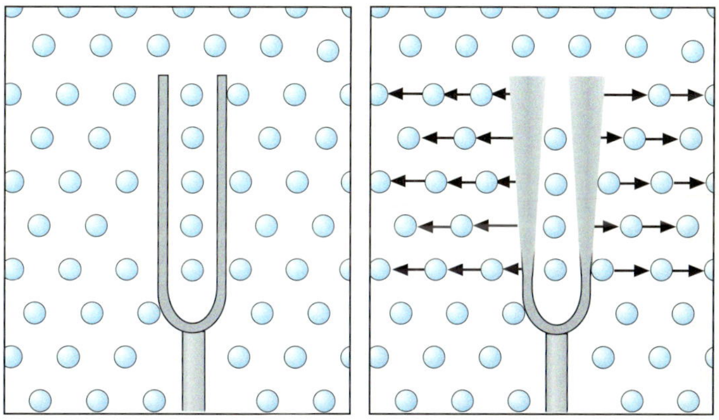

Ein Maß für die Tonhöhe ist die ***Frequenz***. Frequenz bedeutet eigentlich Häufigkeit. Deine Herzfrequenz etwa ist die Anzahl der Herzschläge pro Minute. Bei Tönen misst man die Häufigkeit der Schwingungen pro Sekunde. Diese Zahl wird in der Einheit Hertz (Abkürzung Hz) angegeben.

▶ *Schöpfrahmenbau S. 33*

Für das Schöpfen des Papiers benötigst du ein Schöpfsieb, welches du vor der eigentlichen Papierherstellung fertigen musst.
Damit das Papier eine saubere Kante und auch eine vorher eingestellte Größe bekommt, besitzt das Schöpfsieb einen Rahmen.

Das Schöpfsieb wird aus Holzleisten hergestellt, die mit einer festen Eckverbindung wasserfest verleimt werden. Anschließend wird das Schöpfsieb auf einer Seite mit V2A-Stahl- oder Kunststoffgewebe, Maschenweite 0,8 mm, oder Gardinenstoff überzogen. Das Gewebe wird am Rand festgetackert.

Die Leiste für den Rahmen muss ein bestimmtes Profil besitzen, damit sie nicht vom Schöpfsieb rutscht.

Der Rahmen wird wieder mit einer haltbaren Eckverbindung und wasserfest verleimt aus den Profilen gefertigt.
Hierbei ist darauf zu achten, dass der Rahmen gut auf dem Schöpfsieb liegt.

Der Rahmen gibt die Größe des Papiers (z. B. DIN A4 oder DIN A5) vor.

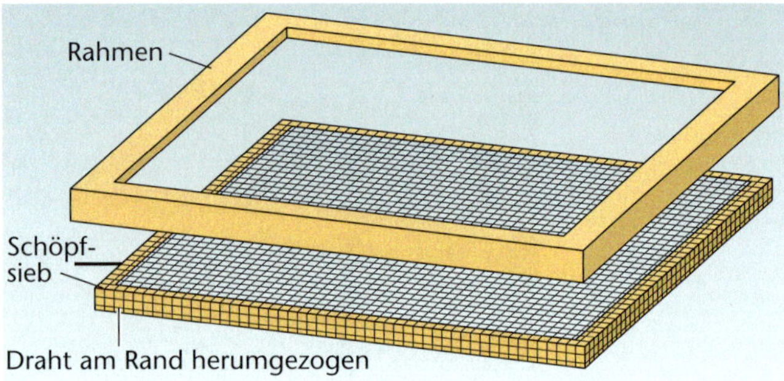

Schöpfsieb und Rahmen

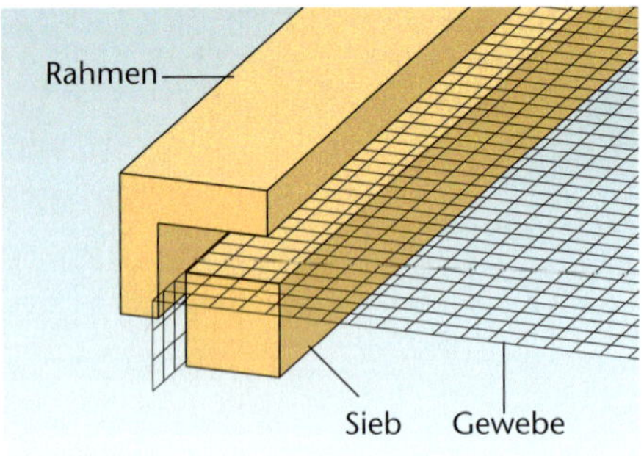

Skizzierter Schnitt durch Rahmen und Schöpfsieb

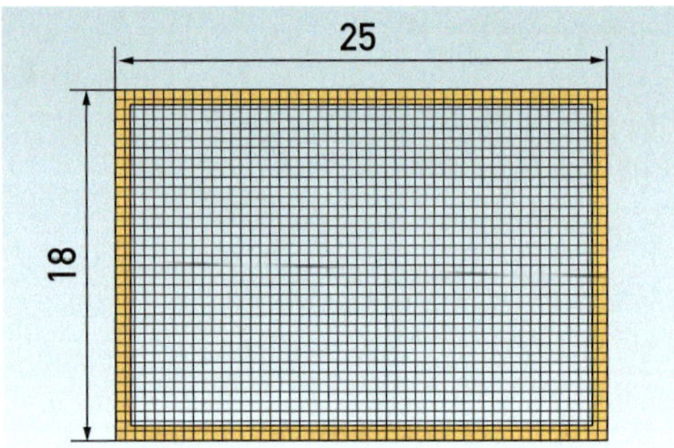

Schöpfsieb

▶ *Sonne S. 58, 70*

Die Sonne ist eine glühende Gaskugel, die hauptsächlich aus Wasserstoff und Helium besteht. Ohne ihre Strahlung könnte auf der Erde kein Leben existieren.

Die Temperatur auf der Sonnenoberfläche beträgt etwa 6000 °C, im Innern bis zu 15 Milliarden Grad Celcius.

Im Vergleich zur Sonne ist unsere Erde winzig klein.

▶ *Sonnenkollektor S. 59*

Sonnenkollektoren nutzen Sonnenstrahlung zur Erwärmung von Wasser. Im Innern befindet sich meist ein schwarzes Blech, durch das in Schlangenlinien dünne Wasserleitungen führen. Die Bleche (Absorber) werden durch Sonnenstrahlung heiß. Die Wärme gelangt mit dem Wasser zu einem Warmwasserkessel.

Eine Glasscheibe auf der Oberseite des Kollektors lässt wie in einem Treibhaus Licht hinein, verhindert aber die Abstrahlung von Wärme.

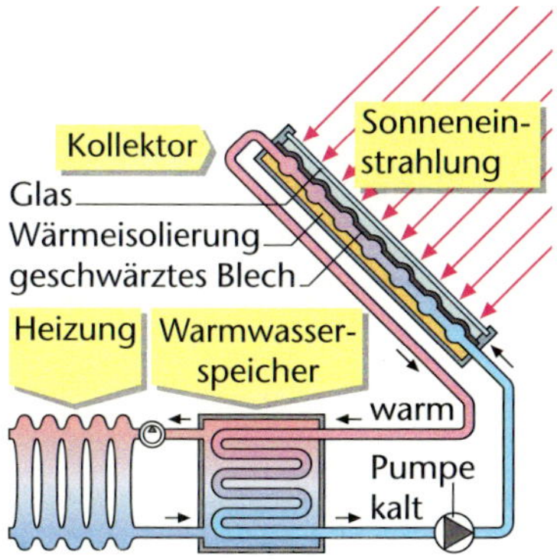

▶ *Sonnenschutzmittel S. 60*

Sonnenschutzmittel schützen die Haut vor schädlicher UV-Strahlung. Der Sonnenschutzfaktor auf den Behältern bedeutet, dass die Wirkung der UV-Strahlung nach 5 Stunden Aufenthalt in der Sonne die gleiche ist, wie bei einer Stunde ohne Schutz.
Zu starke Sonnenbestrahlung ist gesundheitsschädlich. Vor allem in der Mittagszeit sollte man sich im Schatten aufhalten. Grundsätzlich sind Kopfbedeckungen und leichte Kleidungsstücke wie T-Shirts wirksame Schutzmittel. Eine Art Sonnenschutzmittel stellt die Haut in Form der Sonnenbräune selbst her: Farbstoffe werden in der obersten Hautschicht hergestellt und eingelagert. Sie spenden den darunterliegenden Zellen etwas Schatten. Trotzdem bietet die Sonnenbräune nur wenig Schutz. Hellhäutige Menschen sind besonders gefährdet.

▶ *Sonnenstrahlung S. 59, 60*

Die heiße Sonnenoberfläche sendet vielerlei Strahlung aus, ein Teil davon wird von uns als weißes Licht empfunden. Es ist jedoch eine Mischung aus Licht verschiedener Farben. Du siehst sie im Regenbogen (Farbspektrum).

Sonnenlicht enthält auch Anteile, die wir mit unseren Augen nicht sehen können, IR-Strahlung und UV-Strahlung.

IR-Strahlung
Infrarot-Strahlung können wir nicht sehen, können sie aber als Wärmestrahlung spüren. Mit einem empfindlichen Thermometer kann man die Wärmewirkung auch messen.
IR-Strahlung wird von allen warmen Gegenständen abgestrahlt. Mit speziellen Filmen kann man sie sichtbar machen. Man fotografiert mit diesen Filmen etwa Häuser, um Schwachstellen in der Wärmeisolierung zu finden. Satellitenbilder zur Wetterbeobachtung verwenden IR-Strahlung von der Erdoberfläche.

UV-Strahlung
Auch ultraviolette Strahlung ist für uns unsichtbar. UV-Strahlung bräunt die Haut und hilft bei der Bildung von Vitamin D. Allerdings schädigt zu starke Bestrahlung die Hautzellen. Das kann zu einem Sonnenbrand, langfristig sogar zu vorzeitiger Alterung der Haut oder Hautkrebs führen. Vor allem im Frühjahr und zu Beginn des Sommers muss man deshalb die Haut durch Sonnenschutzmittel schützen. Glücklicherweise wird der größte Teil der gefährlichen UV-Strahlung durch die Ozonschicht in der Atmosphäre ausgefiltert. Die Ozonschicht ist jedoch gefährdet durch Gase, die früher in Kühlschränken und Sprühdosen verwendet wurden. Wenn es nicht gelingt, den Ozonabbau zu stoppen, werden Hautschädigungen durch UV-Strahlung stark zunehmen. Einige Tiere, etwa Schmetterlinge oder Bienen, können UV-Strahlung sehen. Pflanzen geben diesen Insekten Signale, die für uns unsichtbar sind.

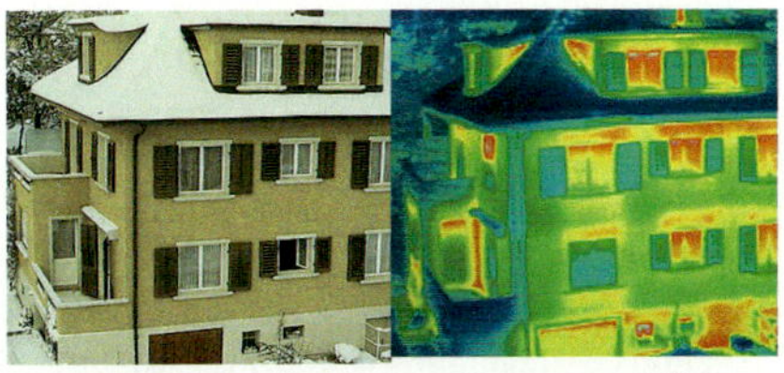
Die rote Farbe zeigt die Schwachstellen in der Wärmeisolierung

Fingerkraut: Aufnahme links mit normalem, rechts mit UV-empfindlichem Film

▶ *Spiralen S. 84, 85*

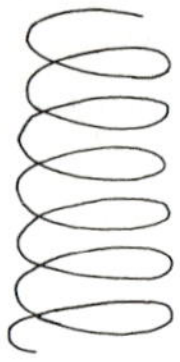

Als Spiralen bezeichnet man in der Umgangssprache häufig besondere räumliche Gebilde. Für Mathematiker sind Spiralen besondere ebene Kurven:
Beispiele für Spiralen: Kuchengitter, Rüssel des Elefanten, Schwanz des Chamäleons, Spinnennetz, Glühwendel der Glühbirne, Metallstütze für Tomaten, Wendeltreppe, Kabel von Elektrogeräten, Ranken der Kürbispflanze oder Passionsblume.

▶ *Steckbrief S. 84*

Früher bekamen Polizisten, die eine unbekannte Person suchen sollten, einen „Brief" mit einer kurzen Beschreibung „zugesteckt". Ein solcher „Steckbrief" muss möglichst genau sein, aber auch kurz und knapp, sodass man schnell das Wichtigste erfährt. Steckbriefe eignen sich auch, um das Wichtigste über Tiere und Pflanzen mitzuteilen.

Steckbrief Königstiger

Körpermerkmale
Schulterhöhe: 95 cm
Länge: bis 3 m (vom Kopf bis Schwanzspitze)
Gewicht: Männchen bis 260 kg

Verhaltensmerkmale
Einzelgänger, Nachtjäger, große Jagdreviere bis 50 Quadratkilometer
Nahrung: Büffel, Hirsche, Wildschweine, Affen
Laute: Brüllen, Knurren, Schnurren

Fortpflanzung
Paarungszeit: im Frühling
Trächtigkeit: 15 Wochen
Jungtiere: meist 2 bis 4, blind in den ersten 10 Tagen

Verwandtschaft
Säugetier, Raubkatze, es gibt 7 Tigerarten, die größte Katze der Welt ist der Sibirische Tiger, der Säbelzahntiger ist ausgestorben

Besondere Merkmale
Tiger können Beutetiere töten, die mehr als doppelt so schwer sind wie sie selbst (bis 700 kg)! Solche großen Beutetiere werden mit einem Biss in die Kehle erstickt.

Tiger greifen meist von hinten an. Menschen, die in Tigergebieten leben, versuchen sich dagegen zu schützen, indem sie auf dem Hinterkopf eine Gesichtsmaske tragen.

Verbreitungsgebiet
Vorkommen: Der Königstiger ist nur noch in den Sümpfen des Gangesdelta in Indien und in Bangladesh häufig (Tigerschutzgebiet).
Artenschutz: Tiger beanspruchen riesige Reviere, in denen sie keinen anderen Tiger dulden. Nur in der Paarungszeit „besuchen" die Männchen die Weibchen. Tigerschutzgebiete müssen deshalb besonders groß sein.

▶ Stoffe und Stoffeigenschaften S. 13, 30, 43, 46, 47, 54, 77

Alle Gegenstände bestehen aus Stoffen. Wir kommen täglich mit einer Vielzahl von Gegenständen in Berührung. Sie bestehen aus unterschiedlichen Materialien. Solche Materialien werden Stoffe genannt.
Zur genaueren Beschreibung eines Gegenstandes gibt man sowohl den Stoff als auch seine Form an. Man spricht von einer Glaskugel, einem Eisendraht, einem Kupferblech. Neben den Feststoffen gehören zu den Stoffen auch die Flüssigkeiten wie Wasser und Benzin und die Gase wie Luft und Erdgas.
Beim Vergleich verschiedener Stoffe fällt auf, dass sie verschiedene Stoffeigenschaften besitzen. Möchte man einen unbekannten Stoff identifizieren, können diese von großem Nutzen sein.
Beispiele für Stoffeigenschaften sind: Oberflächenbeschaffenheit, Härte, Verhalten bei Erwärmung und elektrische Leitfähigkeit.

Gleiche Form – verschiedene Stoffe

Gleicher Stoff – verschiedene Formen

Geschmacks- und Geruchsproben darfst du im Unterricht nur auf ausdrückliche Anweisung der Lehrerin oder des Lehrers durchführen, da unbekannte Stoffe giftig sein bzw. zu Verätzungen führen können.

So kann man die Stoffeigenschaften untersuchen – Beispiele:

Die ***Härte*** eines Stoffes kann man durch einen Ritzversuch bestimmen.

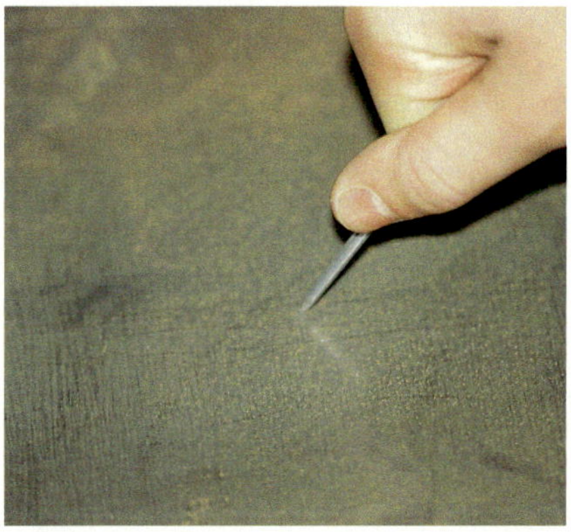

Metall

Kunststoff

Wachs

Soll die elektrische ***Leitfähigkeit*** geprüft werden, schaltet man den zu untersuchenden Stoff in einen Stromkreis. Wenn ein Eisennagel den elektrischen Strom leitet, leuchtet die Glühlampe auf. Bei einem Stück Holz, das den Strom nicht leitet, leuchtet die Lampe nicht auf.

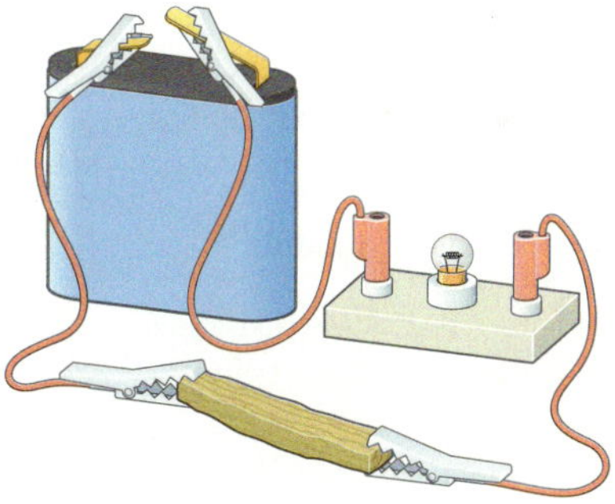

▶ Stofftrennung S. 39, 40 116

Mit diesen Methoden kannst du die Gemische trennen:

Eindampfen
Beim Eindampfen z. B. einer Soße lassen sich die Wasserteilchen von den anderen Stoffen trennen. Die Soße wird dicker.

Absetzen = Sedimentieren
Die schweren Kakaoteilchen setzen sich am Boden ab.

Filtrieren
Das Filter wirkt wie ein feines Sieb, selbst die fein gemahlenen Kaffeebohnenkrümel werden zurückgehalten.

Extrahieren
Beim Extrahieren werden beim Tee Aroma-, Farb- und andere Teilchen aus den Teeblättchen herausgelöst.

Trennverfahren

Sieben
Spagetti und Wasser werden durch das Sieb getrennt.

Kristallisieren
Beim Salzwasser bleiben Kristalle zurück, wenn das Wasser verdunstet.

Papiermethode
So lassen sich Farbstoffgemische trennen. Das Fließmittel transportiert die Farbstoffe unterschiedlich schnell.

Weitere Trennverfahren, die im Labor und in der Industrie eine Rolle spielen, sind z. B. das Zentrifugieren, das Destillieren sowie die Magnettrennung.

▶ Streusalz S. 73

Es besteht aus gefärbtem Kochsalz. Salzwasser sickert in den Boden und verdichtet ihn. Das Salz, das sich während des Winters im Boden anreichert, hemmt Keimung und Wachstum von Pflanzen im Frühling und Sommer. Bäume leiden auch durch Schäden an den Wurzeln, sodass sie weniger Wasser aufnehmen können. Trockenzeiten im Sommer führen dann leicht zu Blattverfärbungen und zum Absterben ganzer Äste.

▶ Tageslänge S. 58, 70

Die Tageslänge ist bestimmt durch Sonnenaufgang und Sonnenuntergang. Diese Zeiten sind von Ort zu Ort verschieden. Dies sind die Angaben für die Stadt Köln:

Datum	Sonnen-aufgang	Sonnen-untergang
1. Januar	8.34 Uhr	17.23 Uhr
1. April	7.08 Uhr	20.05 Uhr
1. Juli	5.21 Uhr	21.50 Uhr
1. Oktober	7.31 Uhr	19.11 Uhr

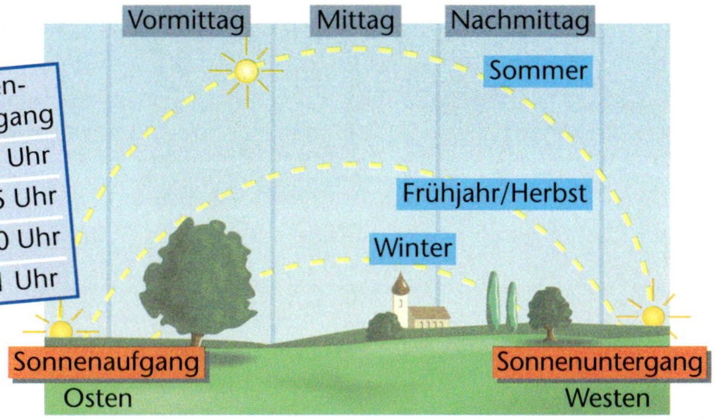

▶ Teststreifen S. 47

So kannst du dir Indikator-Papier selbst herstellen:
Schneide Streifen aus einem Stück Filterpapier, tränke sie mit dem Rotkohlsaft und lasse sie trocknen. Wiederhole den Vorgang mehrmals. Wenn es schnell gehen soll, trockne sie zwischendurch mit einem Föhn.

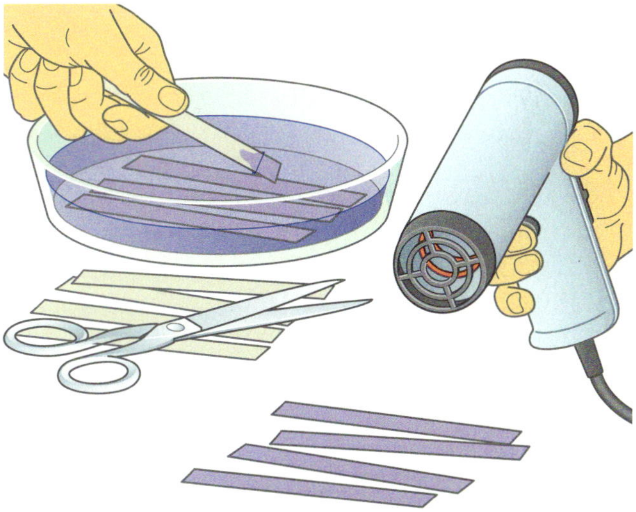

▶ Töne S. 12

Siehe Schall, Seite 111

▶ Überwinterung S. 72

Fische
- überwintern an tiefen Stellen in den Gewässern
- Körpertemperatur entspricht der Wassertemperatur
- Atmung und Herzschlag werden langsamer
- sie bewegen sich kaum noch

▶ Universalindikator S. 47

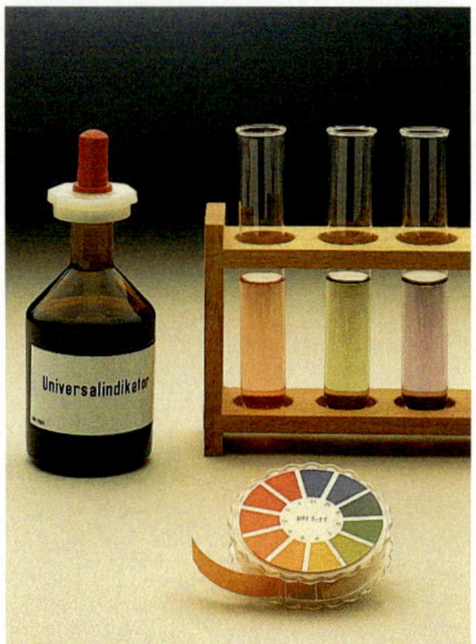

Universalindikatoren (Indikator) sind Gemische ein aus verschiedenen Farbstoffen. Gibt man etwas davon in die zu prüfende, wässrige Lösung, dann zeigt die neu entstehende Farbe, wie stark sauer oder alkalisch der Stoff ist. Durch Vergleich mit einer Farbskala wird der pH-Wert ermittelt. Es gibt flüssige Universalindikatoren oder Universalindikatorpapier (Teststreifen). Die Teststreifen müssen vor Testbeginn immer mit Wasser angefeuchtet werden.

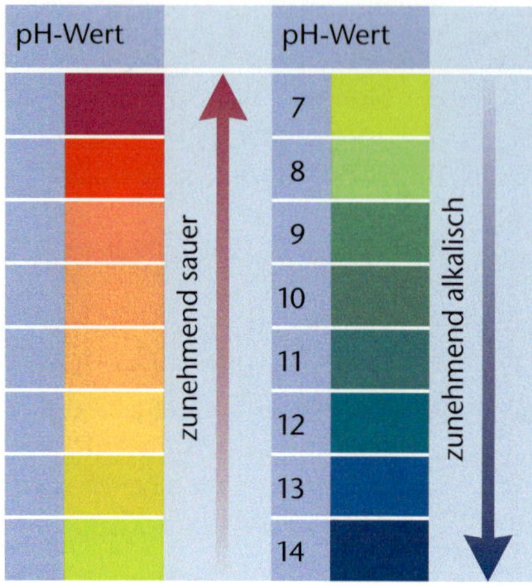

▶ Vergrößerung S. 101, 102, 103

Willst du verschiedene Größen vergleichen, dann kopiere Millimeterpapier auf Folie. Lege ein Stückchen der Millimeterfolie mit auf den Objektträger. Benutze die Folie als Deckgläschen. Jetzt kannst du die Größen vergleichen. Der Vergrößerungsfaktor gibt an, um wie viel-mal eine Abbildung größer ist als das Original.

Vergrößerungsleistungen:
Lupe bis 12 x
Binokular bis 160 x
Schülermikroskop bis 400 x
Forschungsmikroskop bis 2 000 x

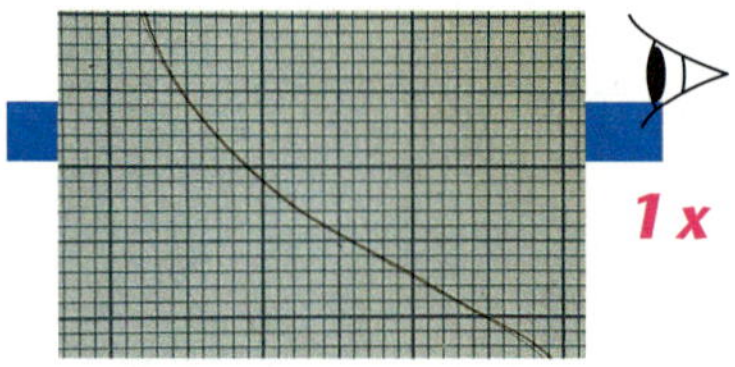

Millimeterpapier und Haar in Originalgröße

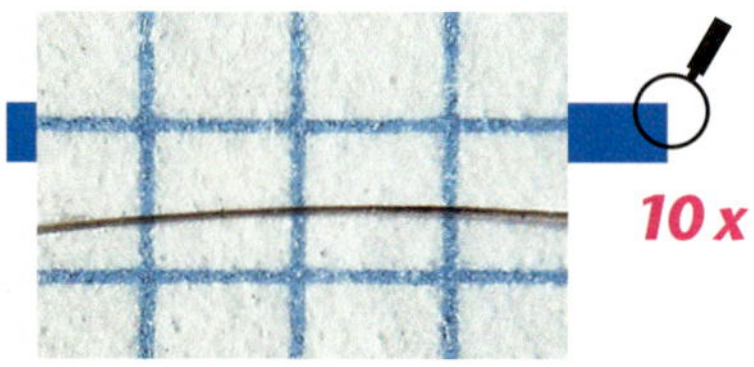

10-mal vergrößertes Haar auf Millimeterpapier

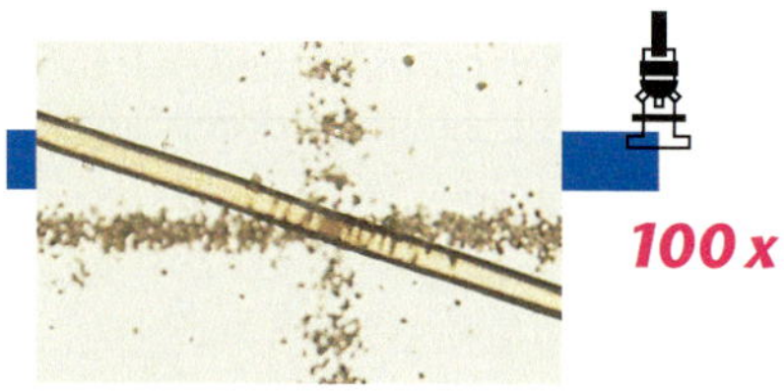

100-mal vergrößertes Haar auf Millimeterfolie

▶ Wärmeleitung S. 71

Wärme ist eine Form von Energie. Wenn sich warme und kalte Gegenstände berühren, gleichen sich ihre Temperaturen aus: Eine heiße Herdplatte erwärmt den Topf, der Topf wiederum die Suppe. Wenn ein Gegenstand wärmer als seine Umgebung ist, muss er ständig mit neuer Energie versorgt werden, damit er nicht abkühlt. Der Herd bezieht diese Energie aus Strom oder Gas.

So dick muss eine Schicht sein, um die gleiche Isolierwirkung zu haben:	
Luft	8 mm
Federn	8,5 mm
Kaninchenfell	9 mm
Styropor, Wolle, Schaumstoff	12 mm
Neuschnee	36 mm
Eis	900 mm
(Wasser)	200 mm
Holz	47 mm
Gummi	50 mm

Metalle sind gute Wärmeleiter. Silber und Kupfer leiten die Wärme besonders gut, aber auch Eisen ist noch ein guter Wärmeleiter.

Holz, Glas, Kunststoff und auch Luft sind schlechte Wärmeleiter und deshalb zur Isolierung geeignet. Sie werden dort gebraucht, wo man sich vor Wärmeverlusten schützen will. Besonders gut sind dafür die Stoffe geeignet, die in kleinen Hohlräumen eingeschlossene Luft enthalten: Styropor, Schaumstoff, Gasbeton, Vliesstoffe oder Federn. Luft ist ein sehr schlechter Wärmeleiter, also ein guter Isolator, aber nur dann, wenn sie nicht bewegt wird.

Wenn man mit der Hand an einen kälteren Gegenstand fasst, leitet dieser die Körperwärme ab. Je schneller die Körperwärme von dem Gegenstand abgeleitet wird, desto kälter fühlt er sich an. Der Körper liefert die Wärme nicht beliebig lange nach, sonst würde er auskühlen (Haut).

► *Wasserkraftwerk S. 53*

Wasserkraftwerke nutzen die Energie des strömenden Wassers. Schon im Altertum wurden Wasserräder zum Mahlen von Getreide genutzt. Im 19. Jahrhundert wurden sie vielfach zum Antrieb von Maschinen, später auch zur Energieerzeugung genutzt. Moderne Wasserkraftwerke arbeiten meist mit einem Speicherbecken hinter einem Staudamm. Wasser strömt durch eine Turbine, die wiederum einen Generator zur Stromerzeugung antreibt.

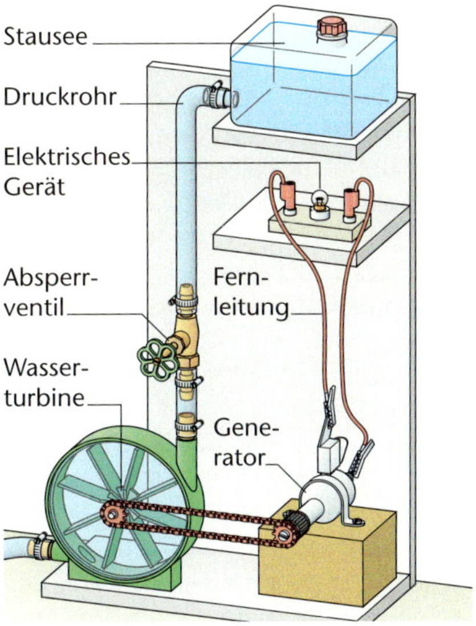

Modell eines Stauseekraftwerkes

► *Wetterkarte S. 61*

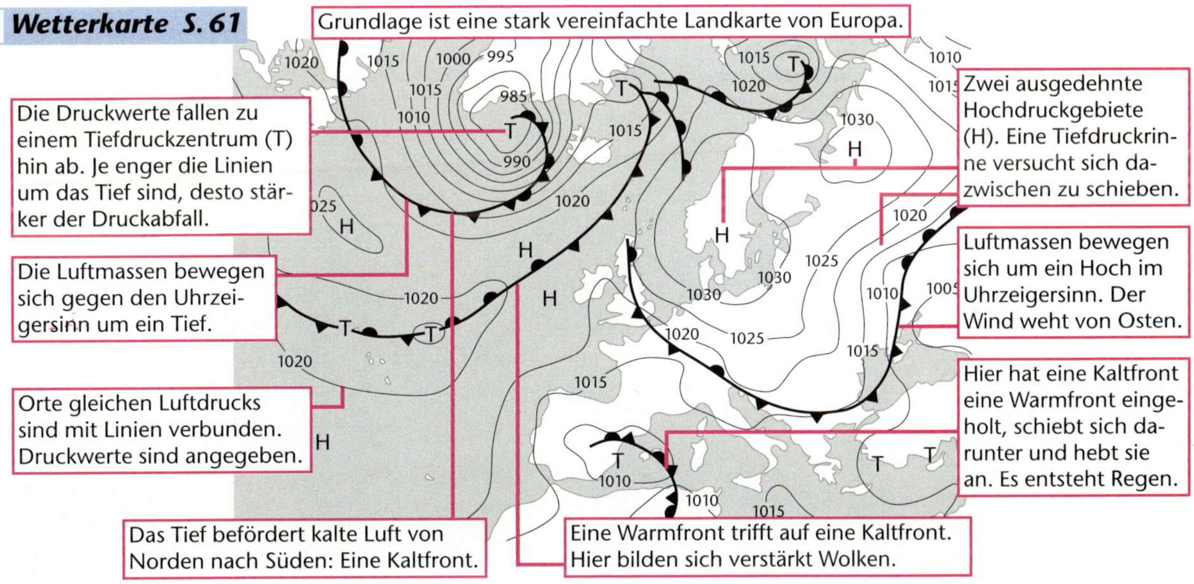

▶ Wettervorhersage S. 61

Aus eigenen Messungen und Beobachtungen und mithilfe von Wetterkarten kannst du das Wetter des nächsten Tages abschätzen:

Schlechtes Wetter:

- Niedriger Luftdruck oder Absinken des Luftdrucks, sehr niedriger Druck bedeutet Sturmgefahr.
- Von Westen nähert sich ein Tiefdruckgebiet.
- Hohe Luftfeuchtigkeit, bei schwüler Luft und hohen Wolkentürmen sind Gewitter zu erwarten.
- Wind aus westlichen Richtungen bringt feuchte Meeresluft und häufig Regen.

Schönes Wetter:

- Hoher Luftdruck oder Anstieg des Luftdrucks, wenn sich von Westen ein Hochdruckgebiet nähert.
- Anhaltend niedrige Luftfeuchtigkeit
- Ostwind bringt trockene Luft, wenn ein Hoch nördlich von uns vorbeizieht.
- Abendrot zeigt dünner werdende Wolken und das Herannahen trockener Luft.
- Zwischen einem Tief im Westen und einem Hoch im Osten wird warme Luft von Süden herangeführt.

▶ Wind S. 67

Wind ist Luft, die sich bewegt. In der Wetterschicht der Erde sorgen Gebiete mit unterschiedlichem Luftdruck für ständige Luftbewegungen. So entstehen Aufwinde, Höhenwinde, Abwinde und Bodenwinde. Nur diesen Bodenwind misst du mit deinem Windmesser.
Die Windstärke des Bodenwindes ist in einem Hoch zunächst gering. Die Windgeschwindigkeit nimmt aber in Richtung auf ein Tief zu und kann bei einem Sturmtief mit sehr niedrigem Luftdruck Orkanstärke erreichen.
Ein solches Tief saugt wie ein Staubsauger Luft von allen Seiten an. In der Nähe des Absaugrohrs ist die Luftbewegung am stärksten.
Wirbelstürme, Hurrikans und Taifune entstehen im Sommer über tropischen Meeren, wenn das Wasser eine Temperatur von mehr als 27 °C erreicht hat. Über dieser riesigen Heizung entwickeln sich viele kleine, aber kräftige Tiefdruckgebiete. Sie beginnen, sich umeinander zu drehen, erst langsam, dann immer schneller und vereinigen sich in einem riesigen Wirbel.

Auge des Hurrikans

Der Wirbelsturm beginnt zu wandern und erreicht das Festland, wo er eine Spur der Zerstörung hinterlässt. Menschen berichten, dass in einem Hurrikan Wind und Regen zunächst ständig zunehmen, bis der Sturm seine größte Stärke erreicht. Im „Auge" des Hurrikans wird es plötzlich hell und windstill, der Regen hört auf. Dann kommt die mächtige Wolkenwand heran, die das „Auge" umgibt. Es wird schlagartig dunkel, Wind und Regen setzen plötzlich mit voller Gewalt wieder ein.

▶ Windmesser S. 61, 66

So funktioniert dein Windmesser:
Mit deinem Windmesser kannst du sowohl die Windrichtung als auch die Windgeschwindigkeit messen. Die Fahne des Windmessers stellt sich so, dass sie dem Wind möglichst wenig Widerstand bietet. Der Pappstreifen an der Seite hebt sich mit wachsender Windgeschwindigkeit.

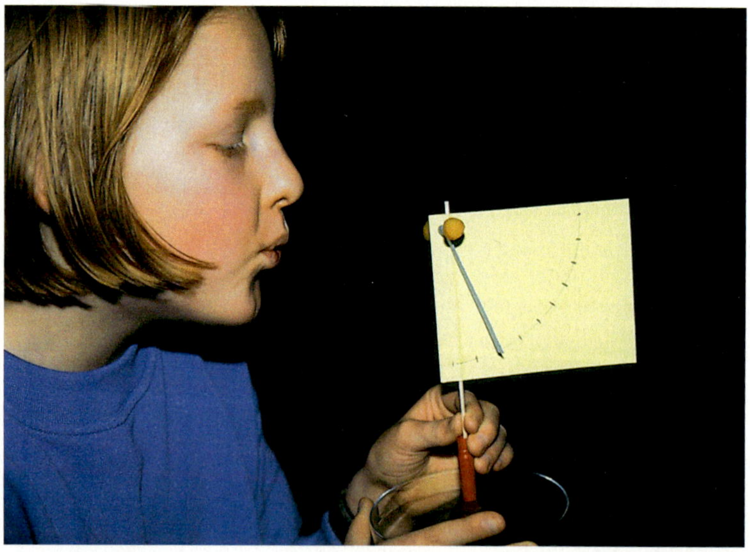

Du brauchst:
Lineal und Schere, 2 Pappstücke (10 x 24 cm und 17 x 1 cm), 2 Holzspieße, Trinkhalm, Kugelschreiberhülse, Knetmasse.

Das musst du machen:

1. Falte die beiden Pappstücke jeweils in der Mitte.
2. Lege einen Holzspieß (z. B. einen Schaschlikstab) einen Zentimeter vom Falz entfernt in die größere Pappe und klebe die beiden Hälften zusammen.
3. Lege ein Trinkhalmstück, das eine Länge von einem Zentimeter hat, in den Falz des schmalen Pappstreifens und klebe die beiden Hälften ebenfalls zusammen.
4. Bohre ein Stück Holzspieß durch die obere Ecke der größeren Pappe und führe ihn durch das Trinkhalmstück.
5. Zeichne einen 90°-Bogen auf die Windfahne und unterteile diesen in Abschnitte von 15°.
6. Sichere die Enden der Holzspieße mit Kugeln aus Knetmasse.
7. Stecke die Kugelschreiberhülse in einen Klumpen Knetmasse und stelle den Windmesser hinein.

▶ *Windrichtung S. 61*

siehe Windmesser S. 120

▶ *Windstärke S. 66*

Im Jahr 1805 entwickelte der englische Admiral Sir Francis Beaufort eine Skala zur Bestimmung der Windstärke.
Auch heute wird diese Beaufort-Skala noch oft verwendet. Sie unterscheidet 13 verschiedene Stärken. „Stärke 0" bedeutet Windstille, „Stärke 12" Orkan.
Windgeschwindigkeiten werden heute meist in Stundenkilometern (km/h) gemessen und angegeben. In tropischen Wirbelstürmen hat man Windgeschwindigkeiten von 300 km/h festgestellt.

Stärke	*Geschwindigkeit* km/h	*Bezeichnung*	*Auswirkungen*
0	0 bis 1	Windstille	Rauch steigt senkrecht auf
1	5	leiser Zug	an Rauchfahne erkennbar
2	11	leichte Brise	Blätter säuseln
3	19	schwache Brise	Blätter stark in Bewegung
4	28	mäßige Brise	wirbelt Staub und Papier auf
5	38	frische Brise	kleine Bäume schwanken
6	49	starker Wind	kräftige Äste in Bewegung
7	61	steifer Wind	ganze Bäume in Bewegung
8	74	stürmischer Wind	Zweige brechen ab
9	88	Sturm	Dachziegel fallen herab
10	102	schwerer Sturm	Bäume werden entwurzelt
11	117	orkanartiger Sturm	verbreitete Sturmschäden
12	120+	Orkan	allgemeine Verwüstung

▶ *Wolken S. 53, 55, 61*

Wolken bestehen wie der Nebel aus feinen Wassertröpfchen. Sie entstehen, wenn mit Wasserdampf gesättigte Luft durch Aufwinde in die Höhe transportiert wird. Die Luft kühlt ab und die Luftfeuchtigkeit bildet an winzigen Staubkörnern (Kondensationspunkte) erst kleine, dann aber auch größer werdende Wassertropfen. Werden die Wassertropfen zu groß, kommt es zum Regen. Wolken werden sehr häufig über großen und warmen Wasserflächen (Meere und Ozeane) gebildet, da dort an der Wasseroberfläche viel Wasser verdampft. Wolken, die sich in sehr großer Höhe befinden, enthalten feine Eisnadeln (Aggregatzustände).

▶ *Zeigerpflanzen S. 48*

Wenn diese Pflanzenarten in größerer Zahl vorkommen, kann man oft daran den erkennen, wie stark sauer bzw. alkalisch der Boden ist.

Torfmoos: Sehr saure Böden

Heidelbeere: Sehr saure Böden

Kleiner Sauerampfer: Saure Böden

Heidekraut: Saure Böden

Hederich: Saure Böden

Adlerfarn: Saure Böden

Bärlauch: Schwach saure bis neutrale Böden

Huflattich: Neutrale bis schwach alkalische Böden

▶ *Zellen S. 102, 103*

Zellen sind die Grundbausteine aller Lebewesen. Es gibt Einzeller, die meisten Organismen bestehen aber aus bis zu einer Billiarde Zellen. Gleichartige Zellen bilden ein Gewebe. In jeder Zelle ist ein Zellkern, den man im Mikroskop bei starker Vergrößerung erkennen kann.

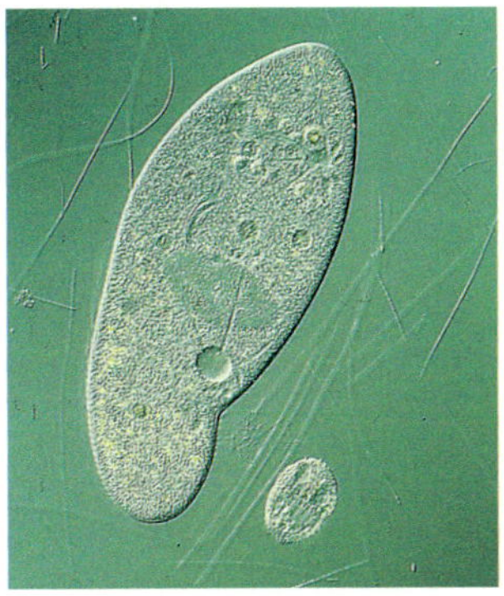

Einzeller: Pantoffeltierchen

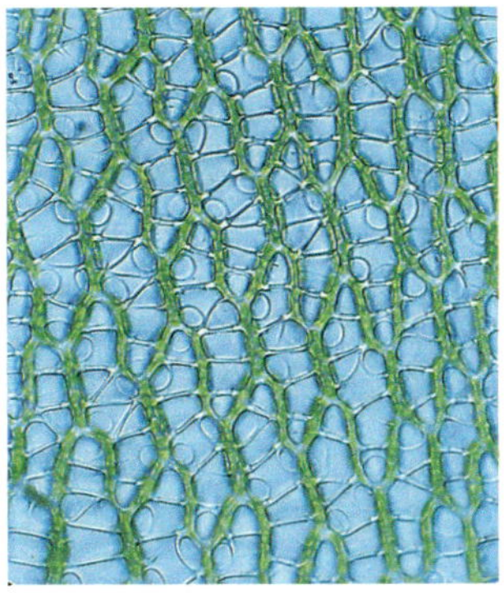

Pflanzenzellen: Moosblättchen

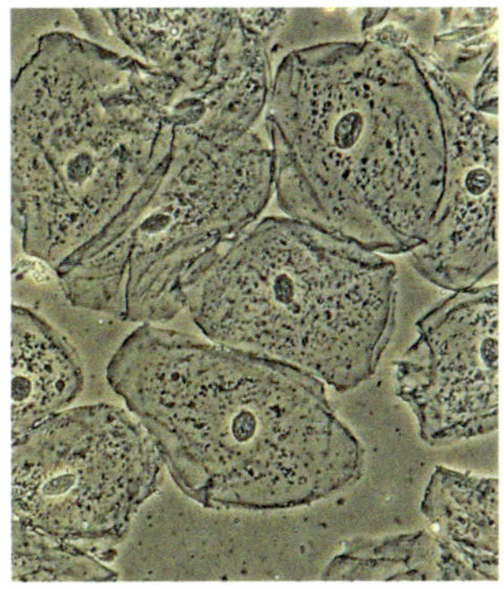

Tierzellen: Mundschleimhaut

▶ *Zerteilungsgrad S. 79*

Wenn Stoffe verbrennen, müssen die kleinsten Teilchen des Brennstoffes an die des Sauerstoffs stoßen können. Das ist bei Feststoffen nur an der Oberfläche möglich. Sind die Stoffe fein zerteilt, haben sie eine große Oberfläche, an der viele Stöße möglich sind. Sie verbrennen leichter. Insbesondere beim Feuer entfachen, oder beim Schichten eines Lagerfeuers spielt der Zerteilungsgrad der Brennstoffe eine wichtige Rolle.

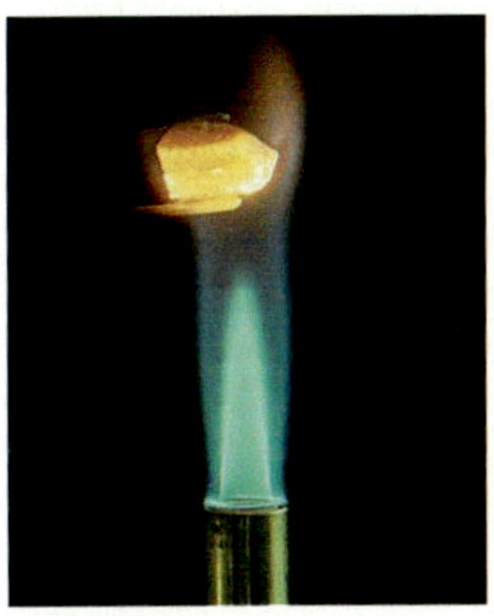

glühendes Holzkohlestück

funkensprühendes Holzkohlepulver

Hartholzstück und Holzspäne brennen unterschiedlich

Zerteilung und Oberfläche. Beim Zerteilen einer Stoffportion vergrößert sich seine Oberfläche.

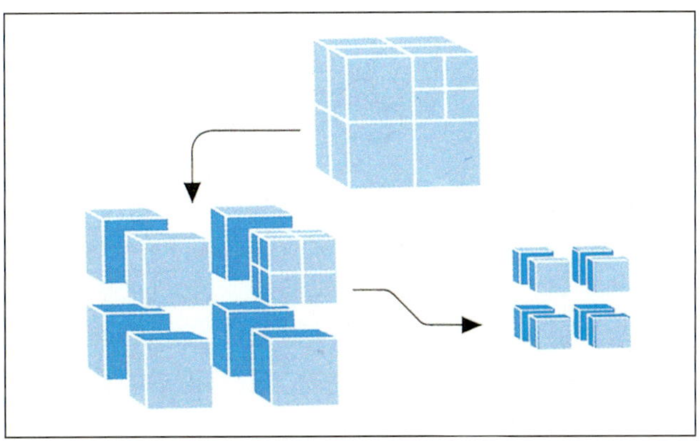

Register

Bildquellenverzeichnis

6.1 Hartmut Fahrenhorst, Unna; 6.2 Klett-Archiv, Stuttgart; 6.3 Cordon Art B.V., Baarn; 8.1 (Hintergrund) Klett-Archiv, Stuttgart; 10.1–3 Hartmut Fahrenhorst, Unna; 11.1 Prof. Dr. Jürgen Wirth, Dreieich; 11.2 MEV, Augsburg; 11.3 Klett-Archiv (Michael Steinle), Stuttgart; 11.4 Eberhard Theophel, Gießen; 11.5 Ralph Grimmel, Stuttgart; 13.1 Mosaik Verlag (Lennart Nilsson), München; 14.1+2, 15.1 Hartmut Fahrenhorst, Unna; 15.2 Ernst Klett Verlag, Stuttgart; 16.1+2 Georg Trendel, Unna; 17 Hartmut Fahrenhorst, Unna; 20.1 Silvestris (Frank Hecker), Kastl; 20.2 Jacana Janjac (A. Carrara), Paris; 20.3 Angermayer (Hans Pfletschinger), Holzkirchen; 20.4+11 Dr. Helmut Länge, Stuttgart; 20.5 Silvestris (Erhard Kotzke), Kastl; 20.6 Dr. Heiko Bellmann, Lonsee; 20.7 Okapia (Manfred B. Kage), Frankfurt; 20.8+10 Angermayer (Hans Pfletschinger), Holzkirchen; 20.9 SAVE (C.M. Bahr), München; 21.1 Dr. Helmut Länge, Stuttgart; 21.2 Prof. Dr. Manfred Keil, Neckargemünd; 21.3a–d Dieter Schmidtke, Schorndorf; 21.4 Okapia (Manfred P. Kage), Frankfurt; 21.5 Silvestris (Maier), Kastl; 21.6+7 Angermayer (Hans Pfletschinger), Holzkirchen; 23 Hartmut Fahrenhorst, Unna; 24.1 Manfred P. Kage/Christina Kage, Lauterstein; 25.1 Dr. Eckart Pott, Stuttgart; 25.2 Manfred P. Kage/Christina Kage, Lauterstein; 27.1(Hintergrund)+2–4+14 Dr. Eckart Pott, Stuttgart; 27.5–7+12 Angermayer (Hans Pfletschinger), Holzkirchen; 27.8+11 Silvestris (K. Wothe), Kastl; 27.9 Ulrich Heitkamp, Gleichen-Diemarden; 27.10 Dr. Helmut Länge, Stuttgart; 27.13 Silvestris (Robert Mayer), Kastl; 30 Hartmut Fahrenhorst, Unna; 31.1 Gyda Rupprecht, Tübingen-Unterjesingen; 31.2 Conrad Höllerer, Stuttgart; 34.1–4 Hartmut Fahrenhorst, Unna; 35.1 Gyda Rupprecht, Tübingen-Unterjesingen; 35.2 Hartmut Fahrenhorst, Unna; 36.1/37(Hintergrund) Mauritius (Raga), Mittenwald; 36.2–4 Mauritius (Hackenberg), Mittenwald; 36.5–7 Mauritius (Stallmann), Mittenwald; 37.1 Mauritius (Habel), Mittenwald; 38.1 Bilderberg (Dorothea Schmid), Hamburg; 38.2+9+10 Hartmut Fahrenhorst, Unna; 38.3 Mauritius (Poehlmann), Mittenwald; 38.4–7 Klett-Archiv (H. Lies), Stuttgart; 38.8 Mauritius (Hackenberg), Mittenwald; 39.1 Mauritius (Poehlmann), Mittenwald; 39.2 Hartmut Fahrenhorst, Unna; 39.3 Claus Kaiser, Rantum/Sylt; 39.4, 40.1 Hartmut Fahrenhorst, Unna; 40.2 Stockfood Photo Stock Agency, München; 40.3, 41.1+4 Hartmut Fahrenhorst, Unna; 41.2 Helga Lade (Rainer Binder), Frankfurt; 41.3 Mauritius (Mitterer), Mittenwald; 42.1+3+4 Hartmut Fahrenhorst, Unna; 42.2 Mauritius (Poehlmann), Mittenwald; 43.1+2+4+5 Hartmut Fahrenhorst, Unna; 43.3 IFA (Tschanz), Ottobrunn; 44.1/45 (Hintergrund), 46.1/47(Hintergrund) Okapia (Büttner/Naturbild), Frankfurt; 46.2 Hartmut Fahrenhorst, Unna; 46.3 Claus Kaiser, Rantum/Sylt; 47.1+3 Hartmut Fahrenhorst, Unna; 47.2 Klett-Archiv (Werkstatt Fotografie), Stuttgart; 48.1 Bernhard Wagner, Breisach; 48.2 Mauritius (Dr. Pott), Mittenwald; 48.3 Sebapharma GmbH & Co., Boppard - Bad Salzig; 49.1+2 Westfälisches Amt für Denkmalpflege (Arnulf Brückner), Münster; 49.3 Baumann, Gomaringen; 49.4 FOCUS (Andrew Syred/Science Photo Library), Hamburg; 50.1/51(Hintergrund) Mauritius (Albinger), Mittenwald; 50.2 Deutscher Wetterdienst, Offevbach; 50.3 Mauritius (Hubatka), Mittenwald; 50.4 Mauritius (Paul Stephan-Vierow), Mittenwald; 51.1 Okapia (Danegger), Frankfurt; 51.2 meteo consult, Ingelheim; 51.3 Unbekannter Lieferant; 51.4 SAVE (D. Nill), München; 52.1–8 Bettina Sommer, Köngen; 53.1 Mauritius (O'Brien), Mittenwald; 53.2 IFA (Direct Stock), Ottobrunn; 54.1+3+4 Hartmut Fahrenhorst, Unna; 54.2, 55.1 Mauritius (Albinger), Mittenwald; 55.2 Helga Lade (Kirchner), Frankfurt; 55.3–5 Hartmut Fahrenhorst, Unna; 56.1/57 (Hintergrund) Helga Lade (Kirchner), Frankfurt; 56.2 Deutscher Wetterdienst, Offenbach; 56.3, 57.1+5 Unbekannter Lieferant; 57.2 meteo consult, Ingelheim; 57.3+4+6 Ilse Nötzold, Drensteinfurt; 58 Mauritius (Ekholm), Mittenwald; 59.1 Klett-Archiv, Stuttgart; 59.2 Hartmut Fahrenhorst, Unna; 60.1 Georg Trendel, Unna; 60.2+4 Hartmut Fahrenhorst, Unna; 60.3 Bettina Sommer, Köngen; 60.5 Mauritius (ACE), Mittenwald; 61 Sportpressephoto Bongarts (Marcus Brandt), Hamburg; 62.1/63 (Hintergrund) Mauritius (Albinger), Mittenwald; 62.2 Deutscher Wetterdienst, Offenbach; 62.3 Helga Lade (B. Radelt), Frankfurt; 62.4 ZEFA, Düsseldorf; 62.5 Mauritius, Mittenwald; 63.1 meteo consult, Ingelheim; 63.2 Helga Lade (MAN), Frankfurt; 63.3 Hartmut Fahrenhorst, Unna; 63.4 Helga Lade (Benier), Frankfurt; 63.5 Pictor International Ltd., München; 65.1 Unbekannter Lieferant; 65.2, 66.1–5, 67.1–5 Hartmut Fahrenhorst, Unna; 68.1/69 (Hintergrund) Unbekannter Lieferant; 68.2 Deutscher Wetterdienst, Offenbach; 69.1 meteo consult, Ingelheim; 70.1 Unbekannter Lieferant; 70.2 Klett-Archiv (Werkstatt Fotografie), Stuttgart; 71.1+3 Hartmut Fahrenhorst, Unna; 71.2 Silvestris (Hans-Georg Arndt), Kastl; 71.4 SAVE (K. Wothe), München; 72.1. Mauritius, Mittenwald; 72.2, 73.1 Hartmut Fahrenhorst, Unna; 73.2 Okapia (NAS/Blair Seitz), Frankfurt; 74.1/75 (Hintergrund) IFA

(VPA), Ottobrunn; 74.2 Mauritius (AGE), Mittenwald; 74.3 Astrofoto (EIT/ SOHO/NASA), Sörth; 74.4 Mauritius (Hubatka), Mittenwald; 74.5 Mauritius (Mallaun), Mittenwald; 74.6 Mauritius (Arthur), Mittenwald; 74.7 Image Bank (Romilly Lockyer), München; 74.8 dpa, Frankfurt; 75.1 Klett-Archiv (Werkstatt Fotografie), Stuttgart; 75.2 Photo Library International Ltd, Leeds; 75.3 Eberhard Theophel, Gießen; 75.4 dpa, Frankfurt; 75.5 Image Bank (Eric Meola), München; 76.1 Mauritius (Mallaun), Mittenwald; 76.2+3, 77.1+3 Hartmut Fahrenhorst, Unna; 77.2+4+5 Gyda Rupprecht, Tübingen-Unterjesingen; 78.1 Bernhard Heinze, Stuttgart; 78.2 Hartmut Fahrenhorst, Unna; 78.3 Süddeutscher Verlag, München; 79.1+2 Hartmut Fahrenhorst, Unna; 80.1 Bettina Sommer, Köngen; 80.2+3 MEV, Augsburg; 81.1 Naturmuseum Senckenberg (Kurt Baumann), Frankfurt/M.; 81.2 Getty Images (stone/Art Wolfe), München; 81.3 Mauritius (Poehlmann), Mittenwald; 81.4 aus Hans Hartmann und Hans Mislin „Die Spirale", Gewerbemuseum, Museum für Gestaltung, CH-Basel; 81.5 Mauritius (Arthur), Mittenwald; 82.1–3 Bettina Sommer, Köngen; 83 Helga Lade (P. Thompson), Frankfurt; 84.1 Getty Images (stone/Art Wolfe), München; 84.2 MEV, Augsburg; 85.1+2 Johanna Heitzer, Korschenbroich; 86.1 Mauritius (Mallaun), Mittenwald; 86.2+ 86.3 Klett-Archiv (Werkstatt Fotografie), Stuttgart; 87.1 Mauritius (von Ravenswaay), Mittenwald; 87.2+4–9 Hartmut Fahrenhorst, Unna; 87.3 Okapia (K.G. Vock), Frankfurt; 89.1+2 Hartmut Fahrenhorst, Unna; Unna; 90 Reinhard-Tierfoto (Hans Reinhard), Heiligkreuzsteinach; 92.1 Klett-Archiv, Stuttgart; 92.2 Mauritius (Poehlmann), Mittenwald; 92.3 Hartmut Fahrenhorst, Unna; 92.4 Bettina Ohnesorge , Düsseldorf; 92.5 Bettina Sommer, Köngen; 93.1 Hartmut Fahrenhorst, Unna; 93.2 dpa (Koch), Frankfurt; 94.1–3 Ernst Klett Verlag (Zuckerfabrik Digital/Ginger Neumann), Stuttgart; 94.4 Ernst Klett Verlag (Neumann und Zörlein), Stuttgart; 95.1 Okapia (Günter Kiepke), Frankfurt; 95.2 Helga Lade (D. Assmann), Frankfurt; 95.3 Mediacolor's (FOR), Zürich; 95.4 Helga Lade (Bernd Siering), Frankfurt; 95.5, 96.1 Georg Trendel, Unna; 96.2–6, 97.1 Landeskriminalamt Nordrhein-Westfalen, Düsseldorf; 97.2+3+5–7 Hartmut Fahrenhorst, Unna; 97.4 Carl Zeiss, Oberkochen; 98.1 Hartmut Fahrenhorst, Unna; 98.2+3, 99.1 aus: Sophie Dawson, The Art and Craft of Papermaking, Quarto Publishing, London 1993; 99.2+3 Hartmut Fahrenhorst, Unna; 99.4 Bettina Sommer, Köngen; 100, 101.1–8 Hartmut Fahrenhorst, Unna; 103.1 Nature + Science (Aribert Jung), Vaduz; 103.2–4, 106, 107.1–3, 108.1–3 Hartmut Fahrenhorst, Unna; 108.4+.5 Dr. Helmut Länge, Stuttgart; 109 Hartmut Fahrenhorst, Unna; 110.1–4 Mauritius (Stallmann), Mittenwald; 110.5 Unbekannter Lieferant; 110.6 Bernhard Wagner, Breisach; 111 Mauritius (Paul Stephan-Vierow), Mittenwald; 112 Klett-Archiv (Heinz Schlüter), Stuttgart; 113.1 Flir AG Infrarottechnik, Kriens; 113.2 Klett-Archiv, Stuttgart; 114.1 Getty Images (stone/Art Wolfe), München; 114.2 aus: Andre Cleave „Muscheln und Meeresschnecken" Parkland-Verlag, Köln (James H. Carmichael jr.); 114.3 Johanna Heitzer, Korschenbroich; 114.4 Reinhard-Tierfoto (Hans Reinhard), Heiligkreuzsteinach; 115.1+2 Eberhard Theophel, Gießen; 115.3–5 Hartmut Fahrenhorst, Unna; 116.1 Johann Leupold, Wendisch-Evern; 116.2–4+7 Hartmut Fahrenhorst, Unna; 116.5 Mauritius (Habel), Mittenwald; 116.6 Unbekannter Lieferant; 118.1 Ralph Grimmel, Stuttgart; 118.2–4 Hartmut Fahrenhorst, Unna; 118.5, 119.1 Klett-Archiv (Michael Steinle), Stuttgart; 119.2 Mauritius (Fichtl), Mittenwald; 120.1 Unbekannter Lieferant; 120.2 Hartmut Fahrenhorst, Unna; 121.1 Helga Lade (B. Radelt), Frankfurt; 121.2 Pictor International Ltd., München; 121.3 ZEFA, Düsseldorf; 122.1+ 2+4+7 Dr. Helmut Länge, Stuttgart; 122.3 Wildlife (D. Harms), Hamburg; , Stuttgart; 122.5 Heinz Schrempp, Breisach; 122.6 Prof. Dr. Horst Müller, Dortmund; 122.8 Mauritius (Dr. Pott), Mittenwald; 123.1 Okapia (Nuridsany & Perennou), Frankfurt; 123.2 Dr. Joachim Wygasch, Paderborn; 123.3 Prof. Dr. Klaus Hausmann, Berlin; 123.4–6 Klett-Archiv (Neumann und Zörlein), Stuttgart

Nicht in allen Fällen war es möglich, den Rechteinhaber der Abbildungen ausfindig zu machen. Berechtigte Ansprüche werden selbstverständlich im Rahmen der üblichen Vereinbarungen abgegolten.